高效推进知识产权强国战略丛书

专利申请与布局

国家知识产权局专利局专利审查协作广东中心◎组织编写
张威浩◎编

知识产权出版社
全国百佳图书出版单位
—北京—

图书在版编目（CIP）数据

专利申请与布局/张威浩编. —北京：知识产权出版社，2022.6
ISBN 978-7-5130-8152-8

Ⅰ.①专… Ⅱ.①张… Ⅲ.①专利申请—研究—中国②专利—布局—研究—中国
Ⅳ.①G306.3

中国版本图书馆 CIP 数据核字（2022）第073182号

内容提要

本书从专利申请的基本概念和国内外申请状况出发，紧扣实际案例，解析高质量专利申请的要求和保护策略，并介绍申请的途径概要、布局以及事务性内容，全面系统地介绍专利申请相关知识，阐明如何高质量申请专利。本书可用于专利申请实务参考和知识产权学习教育。

责任编辑：李　潇　刘晓琳　　**责任校对：**王　岩
封面设计：杨杨工作室·张　冀　　**责任印制：**刘译文

专利申请与布局
国家知识产权局专利局专利审查协作广东中心　组织编写
张威浩　编

出版发行：知识产权出版社有限责任公司　**网　址：**http：//www.ipph.cn
社　址：北京市海淀区气象路50号院　**邮　编：**100081
责编电话：010-82000860转8133　**责编邮箱：**3275882@qq.com
发行电话：010-82000860转8101/8102　**发行传真：**010-82000893/82005070/82000270
印　刷：三河市国英印务有限公司　**经　销：**新华书店、各大网上书店及相关专业书店
开　本：720mm×1000mm　1/16　**印　张：**13.5
版　次：2022年6月第1版　**印　次：**2022年6月第1次印刷
字　数：214千字　**定　价：**89.00元
ISBN 978-7-5130-8152-8

《专利申请与布局》分册

编写组成员：张威浩

审 稿 人 员：罗德明

总 序

在我国进入新发展阶段的时代背景下，知识产权作为国家发展战略性资源和国际竞争力核心要素的作用更加凸显。2018 年 4 月 10 日，国家主席习近平出席博鳌亚洲论坛 2018 年年会开幕式并发表主旨演讲，强调加强知识产权保护是完善产权保护制度最重要的内容，也是提高中国经济竞争力最大的激励。2020 年 11 月 30 日，习近平总书记在十九届中央政治局第二十五次集体学习时指出，知识产权保护工作关系国家治理体系和治理能力现代化，关系高质量发展，关系人民生活幸福，关系国家对外开放大局，关系国家安全。

我国的知识产权事业经过多年发展已经取得了长足进步，特别是党的十八大以来更是加速发展，日新月异，成绩喜人，但总体而言，如习近平总书记所指出，我国正在从知识产权引进大国向知识产权创造大国转变，知识产权工作正从追求数量向提高质量转变。新时代迫切需要大作为，以早日实现上述两个转变。

中共中央、国务院在 2021 年 9 月印发的《知识产权强国建设纲要（2021—2035 年）》（以下简称《纲要》），是以习近平同志为核心的党中央面向知识产权事业未来十五年发展作出的重大顶层设计，是新时代建设知识产权强国的宏伟蓝图，是我国知识产权事业发展的重大里程碑。建设知识产权强国是建设社会主义现代化强国的必然要求，是推进国家治理体系和治理能力现代化的内在需要，是推动高质量发展的迫切需要，是推动构建新发展格局的重要支撑。《纲要》明确了 6 个方面 18 项重点任务，其中将开发一批知识产权精品课程，开展干部知识产权学习教育作为“营造更加开放、更加积极、更有活力的知识产权人才发展环境”的重要一环。

国家知识产权局专利局专利审查协作广东中心（以下简称“审协广东中心”）是经中央编办批复，于2011年9月成立的具有独立法人资格的公益二类事业单位，隶属国家知识产权局专利局。受国家知识产权局专利局委托，审协广东中心主要履行发明专利审查和知识产权服务两大职能。成立以来，审协广东中心人员队伍不断壮大，现有员工近2 000名，审查员中研究生以上学历占比90%以上，已形成一支覆盖机械、电学、通信、医药、化学、光电、材料等各个专业技术领域的高素质人才队伍，为高质量专利审查和高水平创新服务提供了坚实的人才保障。截至2021年10月，审协广东中心秉持“保护创新，让创造更具价值”的使命和“开放、包容、务实、创新”的理念，累计完成了超过120万标准件发明专利的实质审查。2021年的年审查量占全国的六分之一左右，成为我国专利审查事业的一支依靠力量。此外，审协广东中心按照“立足广州、辐射华南、示范全国”的思路和追求积极开展知识产权服务工作，包括战略新兴产业导航预警、分类检测、重大项目咨询、助力科技攻关和“卡脖子”技术突破、知识产权培训等多方面知识产权服务，累计已完成数百个项目，取得丰硕成果和良好的社会效益。十年来，审协广东中心在知识产权服务方面已在华南地区乃至全国具有较大影响力。

作为规模和能力已经凸显的国家专利审查和知识产权综合性服务机构，审协广东中心有责任利用自身优势和资源在做好发明专利实质审查的同时服务区域经济，依托十年来结晶而成的智慧和经验开发一批知识产权精品课程，以利开展知识产权学习教育，增强全社会在新形势下做好知识产权工作的能力，为构建新发展格局做出有益贡献。

为此，审协广东中心遴选优秀的工作人员成立“高效推进知识产权强国战略”丛书专项工作组，并组成由中心领导班子成员牵头的编委会。工作组成员均具有较高的理论修养、丰富的实践经验以及贡献自身智慧和经验的热情，有的成员还是丛书中相关成功案例的直接参与者和重要贡献者。同时，各分册的内容均按照撰写加审稿的模式进行双重把关，以保障书籍内容的正确性和可靠性。该套丛书集审协广东中心智慧，按照“注重实效、重点突出、开阔思路、全球眼光”的原则，历时一年多，精心编撰而成。

在全国上下深入贯彻落实《纲要》的总体要求和重要部署的背景下，审协广东中心组织编写本套丛书可谓正当其时。丛书包括十个分册，分别从知识产权政策、高价值专利创造与培育、专利申请与布局、专利代理与服务、专利审查实践与专利权获取、专利文献检索、专利导航与预警分析、专利运营、专利技术转化和运用案例、知识产权保护与维权等方面对知识产权的创造、运用、保护、管理和服务等重要链条结合相关工作的最新进展进行了充分阐述，回答了如何培育高价值专利、如何对创新成果进行布局、如何从审查角度看专利代理、如何把握专利审查标准、如何进行专利文献检索、如何在产业上提前导航和预警、如何对成果进行运营和转换、如何护航创新主体“走出去”等重要问题。

本套丛书具有如下特点。一是坚持问题导向，丛书结合业界目前存在的不足给出有针对性的解决方案。二是坚持全面性原则，十个分册从不同方面涵盖了知识产权的创造、运用、保护、管理和服务等从创新到保护的全链条。三是坚持实用性原则，丛书紧扣实际案例，强化可参考性。四是坚持时效性原则，丛书将知识产权工作的最新进展纳入进来，以利于业界了解知识产权发展的最新动态。

本套丛书有助于全社会充分了解和认识知识产权在新时期的重要价值，有助于科技攻关、创新护航、政府管理和企业赋能，有助于进一步推进知识产权强国建设。期望本套丛书的出版能为来自政府、高等院校、研究机构、创新主体、知识产权服务机构等的管理、研究和从业人员提供有力参考，使得审协广东中心和业界共同谱写我国知识产权工作的辉煌新篇章。

在丛书编写过程中，工作组得到了国家知识产权局领导的热情鼓励，审协广东中心领导的大力支持和专项工作组同事的齐心付出是丛书得以问世的重要保障。知识产权出版社编辑同志精益求精的工作作风和严格把关的质量意识推动了丛书的高质量出版，在此一并表示衷心的感谢。

序

科技创新是提高社会生产力和综合国力的战略支撑，创新是引领发展的第一动力，保护知识产权就是保护创新。当前，全球形式下的科技革命和产业变革蓄势待发，知识产权制度作为激励创新的基本保障，其重要性日益凸显，全面建设社会主义现代化国家，必须更好推进知识产权保护工作。为深入实施创新驱动发展战略，国务院发布了《国务院关于新形势下加快知识产权强国建设的若干意见》，旨在深化知识产权制度改革，促进我国经济健康快速地发展。

自党的十八大以来，习近平总书记多次指出知识产权保护是提高我国经济竞争力的最大激励，多次对知识产权工作作出重要指示，这些指示为知识产权工作提供了根本遵循和行动指南。为此，国家知识产权局组织并着力实施专利质量提升工程，全面促进专利创造、申请、代理、审查、保护和运用全链条各环节的质量提升，加快实现专利创造由多向优、由大到强的转变。

专利申请是申请人向国务院专利行政部门进行依法请求，最终获得专利权的唯一途径。专利权人的专有权利是由专利权的保护范围来确定的，专利申请质量的高低，直接影响专利质量的高低，进而影响专利权人的权益。本书共分为五章：第一章为专利申请概述，介绍专利申请的基本概念和国内外申请状况；第二章为专利的高质量申请，介绍专利申请的基本要求和主要要求以及保护策略；第三章为专利申请的途径概要，介绍《专利合作条约》（PCT）国际专利申请、《巴黎公约》专利申请以及专利申请的绿色通道；第四章为专利申请的布局，介绍专利申请的区域、产业以及海外三大布局；第五章为专利申请的事务性内容，介绍专利申请的代理、审批、费用以及重要期限。

发明创造成果能否获得高效转化运用，不仅取决于发明创造技术水平的高低，还取决于专利申请质量的高低。本书旨在全面系统介绍该方面知识，供读者了解参考，促进专利质量提升。

目　录

第一章

专利申请概述

第一节　专利申请简介

一、专利申请的概念

为了保护专利权人的合法权益，鼓励发明创造，推动发明创造的应用，提高创新能力，促进科学技术进步和经济社会发展，中华人民共和国于1985年4月1日起施行《中华人民共和国专利法》（以下简称《专利法》）。自《专利法》施行以来，我国的专利工作有了长足的发展。专利制度的建立为我国科学技术和经济社会的发展营造了更为有利的法律环境，创造了健康有序的营商环境，促进了我国的快速发展。

专利权是由国务院专利行政部门依据《专利法》授予申请人的一种实施其发明创造的专有权。专利权是一种知识产权，它与有形财产权不同，具有时间性和地域性限制。专利权只在一定期限内有效，期限届满后专利权就不再存在，它所保护的发明创造就成为全社会的共同财富，任何人都可以自由利用。专利权的有效期是由《专利法》规定的。专利权的地域性限制是指一个国家授予的专利权，只在授予国的法律有效管辖范围内有效，对其他国家没有任何法律约束力。每个国家所授予的专利权，其效力是互相独立的。

专利权主要具有以下三种特性：

专有性，也称独占性，指专利权人对其发明创造所享有的独占性的制造、使用、销售和进口的权利。也就是说，任何单位和个人未经专利权人许可不得以生产经营为目的进行制造、使用、销售和进口其专利产品。否则，就是侵犯专利权。

地域性，指一个国家依照本国专利法授予的专利权，仅在该国法律管辖的范围内有效，对其他国家没有任何约束力，他国对其专利权不承担保护的义务，除签有国际公约或双边互惠协定外。也就是说，如果一项发明创造只在我国取得了专利权，那么若有人在别国制造、使用、销售该发明创造，则不属于侵权行为。

时间性，指专利权人对其发明创造所拥有的专利权只在法律规定的时间内有效，期限届满后，专利权人对其发明创造不再享有制造、使用、销售和进口的专利权，这时任何单位和个人都可无偿使用该项技术①。

1. 什么是专利申请

一项发明创造完成以后，专利权并不是伴随发明创造的完成而自动产生的，会涉及各种复杂的社会关系，其中最主要的就是发明创造的权属问题、权利的范围以及如何有效利用的问题。发明创造是人的智力劳动成果，具有实实在在的使用价值和经济价值，为鼓励发明人多作发明创造，使作出发明创造的单位或者个人能够通过发明创造的实施获得经济利益，法律规定权利人在一定期限内拥有其发明创造的“独占权”。因此，专利权人能够在激烈的市场竞争中占据有利地位，实现“创新、受益、再创新、再受益”的良性循环。如果申请人不向国家知识产权局专利局提出申请，无论发明创造如何重要、如何有经济效益，都不能授予专利权。专利申请在获得授权前，只能称为专利申请；如果其能最终获得授权，则可以称为“专利”，申请人对其所请求保护的技术范围拥有独占实施权。

专利申请是发明人、设计人或者其他有申请权的主体就某一发明或设计向专利局提出取得专利权的请求，是获得专利权的必须程序。发明创造只有当有权申请并取得专利权的个人或单位，按照《专利法》规定的程序和手续向国家知识产权局专利局提出申请，经国家知识产权局专利局审查，认为符合《专利法》规定时，才能被授予专利权，经国家专利机关批准并颁发证书。

2. 为什么要申请专利

专利制度的特点是国家用法律的手段保护发明创造，即通过在一定时期内授予专利权换取发明人向社会公开其发明创造的内容。500 多年的专利历史表明，专利制度鼓励发明创造，推动技术进步，能促进生产力的发

① 杨国平. 专利申请指南［M］. 北京：知识产权出版社，2003：15－23.

展。专利制度一方面是为了尊重发明人、设计人所付出的劳动，另一方面也是为了促进科技和经济的发展。专利权作为一种无形资产，其价值具有商品性并可以进入交换领域，这就要求有一种法律制度对这种发明创造及其价值进行保护。首先，专利制度能够鼓励专利权人主动实施其专利技术；其次，专利制度为他人实施专利技术创造了更为有利的条件；再次，专利制度有利于从外国引进先进科学技术，也有利于我国的先进科学技术走向世界，从而促进发明创造的国际推广应用。

《专利法》第十一条规定："发明和实用新型专利权被授予后，除本法另有规定的以外，任何单位或者个人未经专利权人许可，都不得实施其专利，即不得为生产经营目的制造、使用、许诺销售、销售、进口其专利产品，或者使用其专利方法以及使用、许诺销售、销售、进口依照该专利方法直接获得的产品。外观设计专利权被授予后，任何单位或者个人未经专利权人许可，都不得实施其专利，即不得为生产经营目的制造、许诺销售、销售、进口其外观设计专利产品。"

可见，发明创造只有在获得专利权以后，才受到国家的保护。没有受到专利保护的发明创造，其内容泄露以后，任何人都可以利用这项发明创造。发明创造被授予专利权以后，《专利法》保护专利权不受侵犯，任何人要实施专利，除法律另有规定的以外，必须得到专利权人的许可，并按双方协议支付使用费，否则构成侵权。专利权人有权要求侵权者停止侵权行为，专利权人因专利权受到侵犯而经济上受到损失的，还可以要求侵权者赔偿。如果对方拒绝这些要求，专利权人有权请求管理专利工作的部门处理或向人民法院起诉。①

3. 什么人可以申请专利

专利权是由有权申请并取得专利权的个人或单位提出申请的。专利申请人，即有权申请并取得专利权的个人或单位，是指请求专利局对其发明创造授予专利权的自然人或法人。关于申请和获得专利权的问题，有观点认为，任何发明创造都是人作出来的。因此，有权就一项发明创造提出专

① 国家知识产权局专利局初审及流程管理部. 专利申请须知［M］. 北京：知识产权出版社，2019：1-2.

利申请的，应当是发明人、设计人或者其合法继承人。例如美国、英国、德国、日本、加拿大、奥地利等国家规定只有发明人或其合法受让人或其合法权利继承人才有专利申请权并可获得专利权。但是，完成一项发明创造常常需要辅以大量的资金和众多的设备，个人往往难以独立完成。在很多情况下，一项发明创造是在企业、科研机构、大专院校等提供研究资金和各种物质条件，并进行组织协调的前提下完成的。因此，我国和许多其他国家的专利法规定，专利申请人可以是该发明创造的发明人、设计人或其所属单位，也可以是该发明创造的合法受让人或合法权利继承人，申请人（个人）与发明人或设计人可以为不同的人。自然人是相对于法人的对称，是指能享受权利和承担义务的个人，以区别作为社会组织的法人。

我国《专利法》规定，自然人可以是专利申请人，其中自然人包括中国公民、外国公民和无国籍人。因此，在中国有经常居所或者营业所的外国人、外国企业和外国其他组织在专利权的保护上可以享受国民待遇，即与本国国民一样有权申请专利，从而获得专利保护。在我国没有经常居所或者营业所的外国人、外国企业或者外国组织，只要其所属国是保护工业产权巴黎联盟成员国或与我国订有互相给予专利保护协议或互惠原则的，可以享受与我国公民和单位基本相同的待遇。我国国家知识产权局专利局可以受理他们的申请，并予以审查。

我国《专利法》规定，专利申请权和专利权可以转让。有权申请的个人和单位可以根据自己的意愿将专利申请权转让给第三者。中国单位或个人向外国人、外国企业或者外国其他组织转让专利申请权或者专利权的，应当依照有关法律、行政法规的规定办理手续。中国单位以及我国境内的其他法人单位、中国个人和在我国长期居住和工作的外国人，依据我国法律，通过有偿或无偿的方式转让获得，或者通过继承、单位的重组等程序合法取得专利申请权的，都可以按照我国《专利法》的规定申请并取得专利权。

2010 年修订的《中华人民共和国专利法实施细则》（以下简称《专利法实施细则》）第十三条规定："专利法所称发明人或者设计人，是指对发明创造的实质性特点作出创造性贡献的人。在完成发明创造过程中，只负责组织工作的人、为物质技术条件的利用提供方便的人或者从事其他辅助工作的人，不是发明人或者设计人。”发明人是指作出发明创造的人，发明人只能是自然人而不能是法人，例如“××科研组”等不属于发明人范畴。两个或以上的人共同合作创造出一项发明创造，他们被称为“共同发明人”，应当将所有人的名字都写上。我国《专利法》把发明创造分为职务发明创造和非职务发明创造两种。对非职务发明创造，专利申请权属于发明人、设计人或其合法权利继承人、合法受让人；对职务发明创造，专利申请权则属发明人所在单位。但是，并不是所有参加的人都能作为共同发明人。在完成发明创造的过程中，只负责组织工作的人、为物质技术条件的利用提供方便的人或者从事其他辅助工作的人，不应当被认为是发明人或者设计人。专利申请权的归属主要是看该发明创造是职务发明还是非职务发明，从而确定申请权及专利权归单位还是归个人。①

职务发明创造申请专利的权利属于该单位；申请被批准后，该单位为专利权人。非职务发明创造，申请专利的权利属于发明人或者设计人；申请被批准后，该发明人或者设计人为专利权人。利用本单位的物质技术条件所完成的发明创造，单位与发明人或者设计人订有合同，对申请专利的权利和专利权的归属作出约定的，从其约定。我国《专利法》还规定，对发明人或设计人的非职务发明创造的专利申请，任何单位或个人不得压制；专利权的所有单位或持有单位应当对职务发明创造的发明人或设计人给予奖励；发明创造专利实施后，根据其推广应用的范围和取得的经济效益，应对发明人或设计人给予报酬。按照协议或者合同获得申请权的单位或者个人可以委托另一个单位或者个人研究和开发某一项技术；一个单位也可以在开发某一项技术过程中与研究人员签订协议。如果在委托协议或者合同中写明了该项技术完成后专利申请权的归属，则在协议或者合同中写明的权利人可以作为合法的申请人申请专利。但是委托双方订立的协议或者合同不得违反国家法律或者造成不正当竞争。例如，一个单位或者个人未通过另一个单位的领导的同意，不得私下订立协议委托该单位的技术

---

① 中华人民共和国国家知识产权局．专利审查指南2010：2019年修订［M］．北京：知识产权出版社，2020：15－16.

开发人员研究和开发与其本职工作有关的一项技术[①]。

4. 如何进行专利申请

我国《专利法》规定，国务院专利行政部门受理和审查专利申请，对符合法律规定的发明创造授予专利权。国家知识产权局是我国专利主管部门，也是依法有权接收专利申请的受理机关。申请人申请专利时，应当将申请文件直接提交给国家知识产权局受理处。申请人误将申请文件提交给其他机关、单位或个人的，在专利审批程序中均不产生法律效力。专利局收到专利申请后，对符合受理条件的申请，将确定申请日，给予申请号，发出受理通知书。不符合受理条件的，将发出文件不受理通知书。

专利申请必须采用书面形式或者国家知识产权局规定的其他形式办理。不能用口头说明，或者提供样品或模型的方法来代替或省略书面申请文件。在专利审批程序中只有书面文件才具有法律效力。例如，如果申请人在申请时提交的申请文件公开不充分，即使在申请时已经提交了发明的实物，也不能以此为理由来克服公开不充分的缺陷。专利申请书面性原则的例外是涉及生物材料样品的申请。《专利法》规定，生物材料样品的性状不但要在专利申请说明书中进行描述，而且还要在指定或认可的保藏单位保藏生物材料样品实体本身。

国家知识产权局设立专利受理处和专利申请受理窗口，并在沈阳、济南、长沙、成都、南京、上海、广州、西安、武汉、郑州、天津、石家庄、哈尔滨、长春设立国家知识产权局专利代办处，受理专利申请和其他文件。国家知识产权局受理处和上述专利代办处的地址和业务工作范围，由国家知识产权局以公告形式向公众发布。国防专利分局专门受理国防专利申请。向国家知识产权局申请专利或办理其他手续的，可以将申请文件或其他文件直接递交给国家知识产权局的申请受理窗口或上述任何一个专利代办处，也可以邮寄给国家知识产权局受理处或上述专利代办处。专利申请提交到国家知识产权局受理处或各专利代办处，首先应进行是否符合受理条件的审查。对符合受理条件的申请，国家知识产权局将确定申请日，给予申请号，并在核实文件清单后，发出受理通知书，通知申请人，

---

① 尹新天. 中国《专利法》详解［M］. 缩编版. 北京：知识产权出版社，2012：51－68.

确认收到申请文件。

随着信息技术的发展，以电子信息载体申请专利的方式已被越来越多的国家采用。目前，我国提交专利电子申请有两种方式：通过电子申请客户端提交或通过在线业务办理平台提交。专利局电子申请系统于2004年3月正式开通，新电子申请系统于2010年2月10日上线运行。电子申请系统365天×24小时开通，包括国庆节、元旦、春节等节假日。在线业务办理平台于2016年11月上线。电子申请是指以互联网为传输媒介将专利申请文件以符合规定的电子文件形式向国家知识产权局提出的专利申请。申请人可通过电子申请系统向国家知识产权局提交发明、实用新型、外观设计专利申请和中间文件，以及进入中国国家阶段的国际申请和中间文件。用户提交电子申请文件，直接使用电子申请客户端通过互联网提交。对于成功提交的文件，电子申请用户会收到电子申请回执。用户使用电子申请客户端提交电子申请文件后，文件自动转移到发件箱的“已发送”或“服务器拒收”目录下。对于国家知识产权局拒收的电子申请文件，电子申请系统会给出拒收原因。①

专利申请有下列情况之一的，国家知识产权局不予受理，并通知申请人，同时退还申请文件。

（1）专利申请未以书面形式提出，或者未用中文书写的不能受理。例如：用模型、样品、录像带或者通过电话提出专利申请是不能受理的，未经翻译的外文申请文件也不能受理。申请文件（包括请求书）未打字、印刷，或者字迹不清、有涂改的；附图或外观设计图片未用绘图工具和黑色墨水绘制，或者模糊不清（包括外观设计照片）、有涂改的不能受理。例如：用铅笔绘制的附图和图片、模糊不清的照片是不能受理的。

（2）必要申请文件不齐备，如发明或者实用新型专利申请缺请求书、说明书（实用新型专利申请缺附图）或者权利要求书中任何一种的；外观设计专利申请缺请求书、图片或者照片中任何一种的不能受理。例如：申请实用新型专利只提交了请求书、说明书和权利要求书，没有提交附图

① 国家知识产权局专利局初审及流程管理部．专利申请须知［M］．北京．知识产权出版社，2019：82－84．

的，不能受理。但是受理条件审查，只检查专利申请这几个部分载体是否齐全，对每个部分内的文件是否完整不作审查。例如，说明书应当有10页，受理处申请人只提交了5页，未将说明书内容完整提交，受理时仍然可以进入后续审查程序。但这种缺陷往往是无法补救的，会造成申请公开不充分、修改超范围的风险。所以申请人提交申请文件时一定要仔细核对。

（3）请求书中缺申请人姓名或名称以及地址不详的不能受理。例如，请求书是非标准格式的，上面只打上了发明名称、发明人姓名，没有申请人姓名或名称以及地址，由于专利申请没有申请主体，所以不能受理。专利申请类别（发明、实用新型或外观设计）不明确或者无法确定的不能受理。例如，申请人提交了外观设计专利请求书，但其中没有提交图片或照片，却提交了说明书和附图，由于外观设计专利申请无须递交说明书，因而审查时无法确定申请人到底要申请什么专利及应当以哪种专利申请的要求进行受理审查，所以不予受理。

（4）与我国既无协议或条约关系、又无专利互惠的国家所属的国民或单位，向我国提出的申请不予受理。在我国没有经常居所或营业所的外国人或外国单位，以及我国港、澳、台地区的单位和个人未按规定办理申请手续的不能受理。例如，香港的某位中国籍居民直接从境外将专利申请文件寄给国家知识产权局，这是不能受理的。

5. 申请文件中的有些缺陷不影响受理

（1）申请文件未用国家知识产权局统一印制的表格，是用白纸按要求的项目打字或印刷的。

（2）请求书中漏填发明名称、发明人姓名的。

（3）请求书中没有签章，或者签章不产生法律效力的，如有专利代理机构签章，但没有同时提交专利代理委托书。

以上缺陷可以在审查阶段补正，但是申请人应当尽量避免出现这些缺陷，通过补正往往会使审查程序拖延几个月的时间，使审查程序拖长。

对申请人面交国家知识产权局受理处或各专利代办处的申请文件，受理处或专利代办处工作人员当时就进行申请是否符合受理条件的审查，符合受理条件的当场办理受理手续；不符合受理条件的，国家知识产权局当时就把申请文件退还申请人，并说明不受理的理由。向国家知识产权局寄交申请文件的，大约一个月可以收到国家知识产权局的受理通知书或者不受理通知书以及退还的申请文件。超过一个月尚未收到国家知识产权局通知的，申请人应当及时向国家知识产权局受理处查询，以免申请文件或通知书在邮寄中丢失。

随着我国经济、科技实力的逐步壮大，我国许多企业开始走向国际市场、参与国际竞争，越来越多地向外国申请专利势在必行。但是应当注意的是，《专利法》规定任何单位或者个人将在中国完成的发明或者实用新型向外国申请专利的，应当事先报经国务院专利行政部门进行保密审查。中国单位或者个人可以在遵守上述规定的前提下，根据中华人民共和国参加的有关国际条约提出专利国际申请。对于在我国境内完成的发明或者实用新型，如果涉及国家安全或者重大利益，根据《专利法》第四条的规定，应当按照《保守国家秘密法》及其实施办法的规定予以保密，不得因在中国申请普通专利而公开，也不得因向外国申请专利而公开。因此，在中国完成的发明或者实用新型向外国申请专利的，应当事先经过保密审查。只要是在中国完成的发明或者实用新型，无论是由中国人完成，还是由外国人完成，也无论是由中国单位，还是外国单位享有申请专利的权利，该发明或者实用新型向外国申请专利前，都应当向国务院专利行政部门提出保密审查请求，经过审查认为不涉及国家安全或者重大利益的，才可以向外国提出专利申请。

二、专利申请的内容

1. 专利申请的类型

我国《专利法》保护的发明创造包括发明、实用新型和外观设计三种。其中发明是指对产品、方法或者其改进所提出的新的技术方案；实用新型是指对产品的形状、构造或者其结合所提出的适于实用的新的技术方案；外观设计是指对产品的整体或者局部的形状、图案或者其结合以及色彩与形状、图案的结合所作出的富有美感并适于工业应用的新设计。

可见，《专利法》所保护的发明创造有其特定的含义。发明和实用新型专利只保护技术领域的发明创造，即只保护技术方案，对于纯粹的科学理论、教学方法、计算方法、人为的规则（如征税的方法）、游戏的方法、基于心理学的广告的方法、提高劳动者积极性的方法等都不能授予专利权。

《专利法》所称的发明具有以下特点：首先，发明是一项新的技术方案。是利用自然规律解决生产、科研、实验中各种问题的技术解决方案，一般由若干技术特征组成。其次，按照性质划分，发明权利要求有两种基本类型，分为产品权利要求和方法权利要求。产品权利要求包括人类技术生产的物（产品、设备），方法权利要求包括有时间过程要素的活动，又可以分成方法和用途两种类型。《专利法》保护的发明也可以是对现有产品或方法的改进。

依照《专利法》的规定，发明专利可以分为产品发明专利和方法发明专利两大类。产品发明是指一切以物质形式出现的发明，例如：机器、仪表、工具及其零部件的发明，新材料、新物质的发明。方法发明是指一切以程序和过程形式出现的发明，例如：产品的制造加工工艺、材料的测试、化验方法、产品的使用方法的发明。实用新型专利不保护方法发明，它的保护对象只限于产品发明中的一部分，即具有一定形状或结构的产品。外观设计保护的是产品的外形特征，这种外形特征必须通过具体的产品来体现，并且这种产品可用工业的方法生产和复制。这种外形的特征可以是产品的立体造型，也可以是产品的表面图案，或者是两者的结合，但不能是一种脱离具体产品的图案或图形设计。

实用新型专利只保护产品。所述产品应当是经过产业方法制造的，有确定形状、构造且占据一定空间的实体。一切方法以及未经人工制造的自然存在的物品都不属于实用新型专利保护的客体。根据2019年修订的《专利审查指南》的规定，下列情况不授予实用新型专利。

（1）上述方法包括产品的制造方法、使用方法、通讯方法、处理方法、计算机程序以及将产品用于特定用途等；例如，齿轮的制造方法、工作间的除尘方法或数据处理方法，自然存在的雨花石等不属于实用新型专利保护的客体。

（2）无确定形状的产品，例如气态、液态、粉末状、颗粒状的物质或材料，其形状不能作为实用新型产品的形状特征。

（3）物质的分子结构、组分、金相结构等不属于实用新型专利给予保护的产品的构造。例如，仅改变焊条药皮组分的电焊条不属于实用新型专利保护的客体。

（4）产品的形状以及表面的图案、色彩或者其结合的新方案，没有解决技术问题的，不属于实用新型专利保护的客体。

（5）产品表面的文字、符号、图表或者其结合的新方案，不属于实用新型专利保护的客体。例如：仅改变按键表面文字、符号的计算机或手机键盘；以十二生肖形状为装饰的开罐刀；仅以表面图案设计为区别特征的棋类、牌类，如古诗扑克等。

虽然《专利法》对于外观设计专利并未明确列出不授予专利权的项目，但对无法用工业方法生产和复制的产品，例如：纯粹的美术作品、直接利用自然物的外形构成的制品、与具体地形相结合的固定建筑物，不能授予外观设计专利权；此外对近代人物的肖像、国旗、国徽、注册商标、服务标志和与国家重大政治社会活动有关的数字、日期、字符以及标识物等因涉及其他权利，不能授予外观设计专利权；文字、字母、数字本身因不属于图案，产品的微观图案和形状因无法用肉眼看到，也都不能给予外观设计专利保护。

申请人如何选择专利申请的种类要根据具体情况而定，一般可遵循如下一些原则。

针对发明专利，能取得专利权的发明可以是产品发明，也可以是方法发明。因此发明创造不管是产品还是方法或用途，当然均可以申请发明专利，但要获得专利权，必须符合授予专利权的条件。具体来说，可参考以下几点。

（1）技术水平较高的发明创造，特别是重大的、划时代的或具有开创性的发明创造，更适合申请发明专利。

（2）由于实用新型不保护方法专利，因此各种方法类的发明创造只能申请发明专利。

（3）其他不属于实用新型保护范围的发明创造，如气体、液体等无确定形状的产品等，可申请发明专利。

(4) 投资大、开发试验周期长或市场寿命较长的发明创造，例如药品等，可申请发明专利。

针对实用新型专利，目前我国实用新型专利只保护产品，而且划定了具体的保护范围，因此只有符合规定的发明创造才宜于申请实用新型专利。除此以外，还可考虑以下因素。

(1) 对于技术水平稍低一些的发明专利申请来说，如果申请发明专利，能否被批准把握较小，适宜申请实用新型专利。经过市场预测，估计市场寿命较短或产品更新换代周期不长的发明创造，最好申请实用新型专利。

(2) 申请人希望审批周期短，尽快获得授权，认为保护期限 10 年就足够了或希望申请专利花费少，也适于申请实用新型专利。

针对外观设计专利，外观设计专利仅保护产品的整体或者局部的形状、图案、色彩或者其结合所作出的富有美感并适用于工业上应用的新设计。选择申请外观设计专利的原则：涉及产品外观形状、装饰性、富有美感以及与色彩的组合属于外观设计专利的范畴。

2. 申请文件的组成部分

《专利法》第二十六条规定，申请发明或者实用新型专利的，应当提交请求书、说明书及其摘要和权利要求书等文件。

请求书应当写明发明或者实用新型的名称，发明人的姓名，申请人姓名或者名称、地址，以及其他事项。

说明书应当对发明或者实用新型作出清楚、完整的说明，以所属技术领域的技术人员能够实现为准；必要的时候，应当有附图。摘要应当简要说明发明或者实用新型的技术要点。

权利要求书应当以说明书为依据，清楚、简要地限定要求专利保护的范围。

依赖遗传资源完成的发明创造，申请人应当在专利申请文件中说明该遗传资源的直接来源和原始来源；申请人无法说明原始来源的，应当陈述理由。

《专利法》第二十七条规定，申请外观设计专利的，应当提交请求书、该外观设计的图片或者照片以及对该外观设计的简要说明等文件。

申请人提交的有关图片或者照片应当清楚地显示要求专利保护的产品的外观设计。

因此，依据《专利法》的规定，申请发明专利的，申请文件应当包括：发明专利请求书、说明书（必要时应当有附图）、权利要求书、摘要及其附图，各一式两份。申请实用新型专利的，申请文件应当包括：实用新型专利请求书、说明书、说明书附图、权利要求书、摘要及其附图，各一式两份。申请外观设计专利的，申请文件应当包括：外观设计专利请求书、图片或者照片，各一式两份。要求保护色彩的还应当提交彩色和黑白图片或者照片各一份。提交图片的，两份均应为图片；提交照片的，两份均应为照片，不得将图片或照片混用。如对图片或照片需要说明的，应当提交外观设计简要说明，一式两份。

（1）请求书。

请求书是呈现专利基本信息的重要载体，是申请人向国家知识产权局表示请求授予专利权愿望的一种书面文件。申请人只要填写了“发明专利请求书”或者“实用新型专利请求书”，并且交到国家知识产权局，就认为表示了请求授予专利权的愿望。请求书是由国家知识产权局印制的一种统一表格。申请发明专利的，使用“发明专利请求书”；申请实用新型专利的，使用“实用新型专利请求书”。两种请求书的内容基本上是一样的。在进行专利申请时，请求书应当写明下列事项。

①发明、实用新型或者外观设计的名称。

②申请人是中国单位或者个人的，其名称或者姓名、地址、邮政编码、组织机构代码或者居民身份证件号码；申请人是外国人、外国企业或者外国其他组织的，其姓名或者名称、国籍或者注册的国家或者地区。

③发明人或者设计人的姓名。

④申请人委托专利代理机构的，受托机构的名称、机构代码以及该机构指定的专利代理人的姓名、执业证号码、联系电话。

⑤要求优先权的，申请人第一次提出专利申请（以下简称在先申请）的申请日、申请号以及原受理机构的名称。

⑥申请人或者专利代理机构的签字或者盖章。

⑦申请文件清单。

⑧附加文件清单。

⑨其他需要写明的有关事项。

（2）说明书及其摘要。

说明书是申请人向国家知识产权局提交的公开其发明或者实用新型的文件，是记载发明或者实用新型发明内容的法律文件，主要用于清楚、完整地描述发明或者实用新型，使所属技术领域的技术人员能够理解和实施该发明或者实用新型专利。

说明书及其附图的作用主要包括如下三个方面：第一，将发明或者实用新型的技术方案清楚、完整地公开出来，使所属领域的技术人员能够理解和实施该发明或者实用新型专利，从而为社会公众提供新的技术信息；第二，说明书提供了有关发明创造所属技术领域、背景技术以及发明创造内容的情报和信息，是国家知识产权局进行审查工作的基础；第三，说明书是权利要求书的依据，在专利权被授予后，特别是在发生专利纠纷时，说明书及其附图可以用来解释权利要求书，确定专利权的保护范围。因此，申请发明或者实用新型专利时，需要提交说明书。而外观设计专利申请并没有该要求。首先，发明或者实用新型专利申请的说明书应当写明发明或者实用新型的名称，该名称应当与请求书中的名称一致。同时，说明书应当包括下列内容。

①技术领域：写明要求保护的技术方案所属的技术领域。

②背景技术：写明对发明或者实用新型的理解、检索、审查有用的背景技术；有可能的，并引证反映这些背景技术的文件。

③发明内容：写明发明或者实用新型所要解决的技术问题以及解决其技术问题采用的技术方案，并对照现有技术写明发明或者实用新型的有益效果。

④附图说明：说明书有附图的，对各幅附图作简略说明。

⑤具体实施方式：详细写明申请人认为实现发明或者实用新型的优选方式；必要时，举例说明；有附图的，对照附图。

说明书摘要应当写明发明或者实用新型专利申请所公开内容的概要，即写明发明或者实用新型的名称和所属技术领域，并清楚地反映所要解决的技术问题、解决该问题的技术方案要点以及主要用途。

为了说明发明或者实用新型的技术内容，说明书可以包括附图。附图被称为工程师的“语言”，附图用于解释和说明本申请的内容，它所含有的信息量常常是很大的。一幅附图所表示的内容，往往用再多的文字语言也无法清楚地予以表示。因此，对于有附图的说明书来说，附图是其重要的组成部分之一。由于实用新型涉及的是产品的形状、构造，而对产品的形状、构造进行描述，辅以图示比单纯的文字描述更加一目了然，因此实用新型专利申请的说明书必须有附图。发明专利申请必要时也应当有附图①。

随着生物技术的迅速发展，涉及基因技术的专利申请数量越来越多。对这类申请中涉及的核苷酸或者氨基酸序列，2010 年修订的《专利法实施细则》第十七条规定，发明专利申请包含一个或者多个核苷酸或者氨基酸序列的，说明书应当包括符合国务院专利行政部门规定的序列表。申请人应当将该序列表作为说明书的一个单独部分提交，并按照国务院专利行政部门的规定提交该序列表的计算机可读形式的副本。

同时，当申请专利的发明涉及新的生物材料，该生物材料公众不能得到，并且对该生物材料的说明不足以使所属领域的技术人员实施其发明的，申请人还应当办理下列手续。

①在申请日前或者最迟在申请日（有优先权的，指优先权日），将该生物材料的样品提交国务院专利行政部门认可的保藏单位保藏，并在申请时或者最迟自申请日起 4 个月内提交保藏单位出具的保藏证明和存活证明；期满未提交证明的，该样品视为未提交保藏。

②在申请文件中，提供有关该生物材料特征的资料。

③涉及生物材料样品保藏的专利申请应当在请求书和说明书中写明该生物材料的分类命名（注明拉丁文名称）、保藏该生物材料样品的单位名称、地址、保藏日期和保藏编号；申请时未写明的，应当自申请日起 4 个月内补正；期满未补正的，视为未提交保藏。

发明专利申请人依照规定保藏生物材料样品的，在发明专利申请公布

---

① 中华人民共和国国家知识产权局．专利审查指南 2010：2019 年修订［M］．北京：知识产权出版社，2020：134－143．

后，任何单位或者个人需要将该专利申请所涉及的生物材料作为实验目的使用的，应当向国务院专利行政部门提出请求，并写明下列事项。

①请求人的姓名或者名称和地址。

②不向其他任何人提供该生物材料的保证。

③在授予专利权前，只作为实验目的使用的保证。

（3）权利要求书。

为了确保专利制度的正常运作，一方面需要为专利权人提供切实有效的法律保护，另一方面需要确保公众享有使用已知技术的自由。为此，需要有一种法律文件来界定专利独占权的范围，使公众能够清楚地知道实施什么样的行为会侵犯他人的专利权。权利要求书就是为上述目的而规定的一种特殊的法律文件，它对专利权的授予和专利权的保护具有突出的重要意义。根据《专利法》第六十四条第一款的规定，发明或者实用新型专利权的保护范围以其权利要求的内容为准，说明书及附图可以用于解释权利要求的内容。因此，权利要求应当以说明书为依据，清楚、简要地限定要求专利保护的范围。

权利要求书最主要的作用是确定专利权的保护范围。这包括：在授予专利权之前，表明申请人想要获得何种范围的保护；在授予专利权之后，表明国家授予专利权人何种范围的保护。在前一种情况下，如果申请人希望获得的保护范围不适当，也就是将已知的技术或者相对于已有技术来说显而易见的技术囊括在其保护范围之内，则违背了《专利法》关于新颖性和创造性的规定，会导致专利申请被驳回。在后一种情况下，只要他人未经专利权人许可而实施的技术方案落入权利要求的保护范围之内，则构成侵权行为。因此，权利要求书的内容无论对申请获得专利权来说，还是对行使专利权来说，都是至关重要的。

权利要求书应当记载发明或者实用新型的技术特征。权利要求书应当有独立权利要求，也可以有从属权利要求。独立权利要求应当从整体上反映发明或者实用新型的技术方案，记载解决技术问题的必要技术特征。从属权利要求应当用附加的技术特征，对引用的权利要求作进一步限定[1]。

（4）外观设计的图片或者照片。

外观设计专利权的保护范围以表示在图片或者照片中的该产品的外观设计为准，图片或者照片是外观设计专利的重要法律文件，其作用不但在于披露外观设计的设计方案，还是确定外观设计专利权保护范围的主要依据。如果图片或者照片不能清楚地显示要求专利保护的产品的外观设计，则无法准确界定外观设计专利权的保护范围，因而也就无法清楚地界定侵犯外观设计专利权的行为。因此，清楚地显示要求专利保护的产品的外观设计，是对图片或者照片的实质性要求。申请人应当就每件外观设计产品所需要保护的内容提交有关图片或者照片，同时若申请人请求保护色彩的，应当提交彩色图片或者照片。

外观设计专利权的保护范围以表示在图片或者照片中的该外观设计专利产品为准。但是，仅依靠图片或者照片还不足以准确地限定要求保护的产品的外观设计。外观设计的产品名称、用途、类别，外观设计的设计要点、是否要求保护色彩以及省略视图等情况，都对外观设计专利权保护范围的确定有直接影响。因此，《专利法》规定了外观设计的简要说明是申请外观设计专利必须提交的申请文件之一，可以用于解释图片或者照片所表示的该产品的外观设计。

外观设计专利在申请时，并不需要提交说明书，但应当提交外观设计的简要说明。外观设计的简要说明应当写明外观设计产品的名称、用途，以及外观设计的设计要点，并指定一幅最能表明设计要点的图片或者照片。省略视图或者请求保护色彩的，应当在简要说明中写明。对同一产品的多项相似外观设计提出一件外观设计专利申请的，应当在简要说明中指定其中一项作为基本设计。简要说明不得使用商业性宣传用语，也不能用来说明产品的性能。同时，国务院专利行政部门认为必要时，可以要求外观设计专利申请人提交使用外观设计的产品样品或者模型。样品或者模型的体积不得超过 30cm × 30cm × 30cm，重量不得超过 15kg。易腐、易损或

---

① 中华人民共和国国家知识产权局．专利审查指南 2010：2019 年修订［M］．北京：知识产权出版社，2020：74－79.

者危险品不得作为样品或者模型提交①。

（5）《专利审查指南》关于图形用户界面外观设计的最新规定。

为适应新技术快速发展的需要，回应创新主体对审查规则和审查模式的新诉求，提高专利审查质量和审查效率，国家知识产权局对《专利审查指南》作出修改，2019 年修订的《专利审查指南 2010》为顺应图形用户界面外观设计领域的发展趋势，更好地保护图形用户界面设计的创新成果，规范了涉及图形用户界面产品外观设计的产品名称和简要说明的撰写要求，放宽了图形用户界面视图提交的限制，弱化了图形用户界面与最终产品的联系，解决了图形用户界面在一类或多类产品上通用保护的问题。

其中，删除《专利审查指南》第一部分第三章第 4.2 节第 4 段和第 4.3 节第 3 段（7）项，并增加第 4.4 节内容如下：

涉及图形用户界面的产品外观设计

涉及图形用户界面的产品外观设计是指产品设计要点包括图形用户界面的设计。

产品名称

包括图形用户界面的产品外观设计名称，应表明图形用户界面的主要用途和其所应用的产品，一般要有“图形用户界面”字样的关键词，动态图形用户界面的产品名称要有“动态”字样的关键词。如：“带有温控图形用户界面的冰箱”“手机的天气预报动态图形用户界面”“带视频点播图形用户界面的显示屏幕面板”。不应笼统仅以“图形用户界面”名称作为产品名称，如：“软件图形用户界面”“操作图形用户界面”。

外观设计图片或照片

对于设计要点仅在于图形用户界面的，应当至少提交一幅包含该图形用户界面的显示屏幕面板的正投影视图。如果需要清楚地显示图形用户界面设计在最终产品中的大小、位置和比例关系，需要提交图形用户界面所涉及面的一幅正投影最终产品视图。

图形用户界面为动态图案的，申请人应当至少提交一个状态的图形用

① 中华人民共和国国家知识产权局．专利审查指南 2010：2019 年修订［M］．北京：知识产权出版社，2020：74－79.

户界面所涉及面的正投影视图作为主视图；其余状态可仅提交图形用户界面关键帧的视图作为变化状态图，所提交的视图应能唯一确定动态图案中动画完整的变化过程。标注变化状态图时，应根据动态变化过程的先后顺序标注。

对于用于操作投影设备的图形用户界面，除提交图形用户界面的视图之外，还应当提交至少一幅清楚显示投影设备的视图。

简要说明

包括图形用户界面的产品外观设计应在简要说明中清楚说明图形用户界面的用途，并与产品名称中体现的用途相对应。如果仅提交了包含该图形用户界面的显示屏幕面板的正投影视图，应当穷举该图形用户界面显示屏幕面板所应用的最终产品，例如，"该显示屏幕面板用于手机、电脑"。必要时说明图形用户界面在产品中的区域、人机交互方式以及变化过程等。

以上为《专利审查指南》修改涉及图形用户界面的产品外观设计的最新内容。自 2014 年 5 月 1 日国家知识产权局第六十八号局令将包括图形用户界面的产品纳入了外观设计专利保护客体以来，涉及图形用户界面的外观设计专利申请量逐年增加，申请排在前列的均是新兴互联网公司。这些创新主体设计的图形用户界面一般都是通过互联网通用在手机、笔记本电脑、台式计算机显示装置上，而不是局限于某一个具体产品之上。由于现行规定要求申请文件应采取实体产品与界面相结合的形式，那么对于具有通用性的图形用户界面就需要与不同的产品相结合来进行申请，这一规定造成了图形用户界面产品保护范围不明确以及侵权判定有争议的问题。此次《专利审查指南》修改通过放宽图形用户界面视图提交的限制，解决了图形用户界面在一类或多类产品上通用保护的问题，即对于设计要点仅在于图形用户界面的申请，将视图要求简化为至少提交一幅包含该图形用户界面的显示屏幕面板的正投影视图，从而将图形用户界面与其具体所应用的产品脱钩。同时对于这种通用性图形用户界面，要求在简要说明中以穷举的形式明确其应用的最终产品。涉及图形用户界面的产品外观设计是指产品设计要点包括图形用户界面的设计。

3. 专利申请时的注意事项

在进行专利申请时，为加快专利的授权，有下列注意事项。

（1）发明或者实用新型专利申请文件应当按照下列顺序排列：请求书、说明书摘要、摘要附图、权利要求书、说明书（含氨基酸或核苷酸序列表）、说明书附图。外观设计专利申请文件应当按照下列顺序排列：请求书、图片或照片、简要说明。申请文件各部分都应当分别用阿拉伯数字顺序编写页码。

（2）申请文件各部分一律使用中文。外国人名、地名和科技术语如没有统一中文译文，应当在中文译文后的括号内注明原文。

（3）向专利局提交的各种文件，申请人都应当留存底稿，以保证申请审批过程中文件填写的一致性，并可以此作为答复审查意见时的参照。

（4）申请文件是邮寄的，应当用挂号信函。无法用挂号信邮寄的，可以用特快专递邮寄，不得用包裹邮寄申请文件。挂号信函上除写明专利局或者专利局代办处的详细地址（包括邮政编码）外，还应当标有“申请文件”及“国家知识产权局专利局受理处收”或“国家知识产权局专利局××代办处收”的字样。申请文件通过快递公司递交的，以专利局受理处以及各专利局代办处实际收到日为申请日。一封挂号信内应当只装同一件申请的文件。邮寄后，申请人应当妥善保管好挂号收据存根。

（5）专利局在受理专利申请时不接收样品、样本或模型。在审查程序中，申请人应审查员要求提交样品或模型时，若在专利局受理窗口当面提交的，应当出示审查意见通知书；邮寄的应当在邮件上写明“应审查员×××（姓名）要求提交模型”的字样①。

三、先申请原则

专利权的基本含义是赋予专利权人禁止他人未经其许可实施其发明创造的权利。当两个以上的申请人分别就同样的发明创造申请专利的，并且都符合授予专利权条件的情况下，专利权应当授予哪一个申请人？对于这

① 杨国平．专利申请指南［M］．北京：知识产权出版社，2003：15－23．

一问题，目前世界上有两种解决方式：一种方式是以发明创造完成的时间先后为准，即谁先完成发明，专利权就授予谁，称为先发明原则；另一种方式是以提出申请时间的先后为准，即谁先提出申请，专利权就授予谁，称为先申请原则。目前，包括我国在内的绝大多数国家都实行先申请原则。

先发明原则保护最先完成发明创造的人，从鼓励发明创造的角度看，这一原则优于先申请原则。但是当两个以上的人就同样的发明创造申请专利时，判断谁是最先完成发明创造的人是一件非常困难的事情。同时，若早晚申请专利都不影响其对该发明创造的拥有权，有可能造成发明人长期保守其发明创造的秘密，不利于发明创造的尽早公开和传播。先申请原则保护最先提出专利申请的人，有利于发明创造的尽早公开，能够避免重复研究。此外，由于先申请原则不需证明发明创造完成时间的先后，只需证明提出申请时间的先后，有利于专利权的确定。因此，《专利法》第九条规定，同样的发明创造只能授予一项专利权。但是，同一申请人同日对同样的发明创造既申请实用新型专利又申请发明专利，先获得的实用新型专利权尚未终止，且申请人声明放弃该实用新型专利权的，可以授予发明专利权。两个以上的申请人分别就同样的发明创造申请专利的，专利权授予最先申请的人。

先申请原则最主要的步骤是确定提出申请时间的先后，即谁先提出申请，专利权就授予谁。需要明确的是：判断先后顺序的标准是什么？究竟是以日期还是以时刻为标准？我国《专利法》明确规定，两个以上的申请人在同一日分别就同样的发明创造申请专利的，应当在收到国务院专利行政部门的通知后自行协商确定申请人。即，判断申请的先后顺序是以日期为标准的。以申请日为准决定申请的先后次序，是我国专利制度的一项基本原则①。

1. 申请日

根据《专利法》第二十八条的规定，国务院专利行政部门收到专利申请文件之日为申请日。如果申请文件是邮寄的，以寄出的邮戳日为申请

---

① 尹新天. 中国《专利法》详解［M］. 缩编版. 北京：知识产权出版社，2012：69－71.

日。申请日是个十分重要的日期。

（1）它确定了提交申请时间的先后，按照我国的先申请原则，在有相同内容的申请时，申请的先后决定了专利权最终授予谁。

（2）它确定了对现有技术的检索时间起点，在该申请日之前的技术才能被称为现有技术，这在审查中对决定申请是否能够取得专利权具有重大关系。

（3）申请日也是审查程序中一系列法定期限的起点，发明专利申请从申请日起满 18 个月进行公布；发明专利申请请求实质审查的期限是从申请日起 3 年以内；专利权期限也是以申请日为计算起点的。

其中，采用电子文件形式向专利局提交的专利申请及各种文件，以专利局专利电子申请系统收到电子文件之日为递交日。向专利局受理处或者代办处窗口直接递交的专利申请，以收到日为申请日；通过邮局邮寄递交到专利局受理处或者代办处的专利申请，以信封上的寄出邮戳日为申请日；寄出的邮戳不清晰无法辨认的，以专利局受理处或者代办处收到日为申请日。通过速递公司递交到专利局受理处或者代办处的专利申请，以收到日为申请日；邮寄或者递交到专利局非受理部门或者个人的专利申请，其邮寄日或者递交日不具有确定申请日的效力，以受理处或者代办处实际收到日为申请日。在享有外国或者本国优先权的情况下，以优先权日作为申请日。对于分案申请，是以原申请的申请日作为分案申请的申请日。

2. 申请日的更正

申请人收到专利申请受理通知书之后，认为该通知书上记载的申请日与邮寄该申请文件日期不一致的，可以在递交专利申请文件之日起两个月内或者申请人收到专利申请受理通知书一个月内提出申请日更正请求，并附收寄专利申请文件的邮局出具的寄出日期的有效证明，该证明中注明的寄出挂号号码应与请求书中记录的挂号号码一致。挂号信的存根可以作为上述日期的有效证明。国家知识产权局经查证核实后，可以更改申请日。

对于已经提交的专利申请，申请人自己或经国家知识产权局初步审查发现，说明书中写有附图的说明，但实际未交或少交、漏交附图的，可以在指定期限内补交附图。按规定补交附图的，以附图的最后提交日确定为该申请的申请日。凡更改申请日的，国家知识产权局应及时通知申请人。

但是，当说明书中写有对附图的说明，但无附图或者缺少部分附图的，申请人声明取消对附图的说明的，保留原申请日。

第二节　专利申请状况

一、国内专利申请及授权现状

十九大报告指出创新是推动发展的第一动力，是建设科技强国的重要保障。随着中国经济进入“新常态”阶段，创新日益成为我国做大做强新兴产业、改造提升传统产业、发展壮大新动能的必然选择。专利作为衡量科技与创新的重要指标，是一个国家、地区增强经济竞争力的重要保障，如今已成为技术进步与创新的战略性资源，对市场活力与社会创造力的推动作用越来越明显。中国已经连续多年在专利申请数量上占据世界第一位，成为全球知识产权申请增长的主要推动力。

近年来国内专利申请量呈现出“爆炸式”增长趋势。2010—2020 年，我国专利申请总量呈现不断上升趋势，虽然 2014 年受经济危机的影响，申请量有所下滑，但是仍达到 236.1 万件，基本与 2013 年持平。2010 年，我国专利申请量为 122.2 万件，到 2020 年，截至 11 月，我国专利申请量已达 482.9 万件，已是 2010 年申请量的近 4 倍。2010—2020 年我国专利申请总量整体上维持在平均每年 20% 的增长速度，充分显示出中国经济高速发展对技术的需求，以及国人对知识产权保护意识的不断增强，中国知识产权事业的发展极大地推动了世界知识产权的发展。

表 1－1 给出了中国 2020 年 1—11 月各专利类型的申请量及占比。根据国家知识产权局公布的数据，从 2010 年到 2020 年，发明专利申请量和实用新型专利申请量呈现不断增长的趋势，发明专利申请量由 2010 年的 39 万件，增长至 2020 年（1—11 月）的 140.3 万件，增长了将近 4 倍。实用新型专利申请量由 2010 年的 41 万件，增长至 2020 年（1—11 月）的 272.6 万件，增长了将近 6 倍。但是，外观设计专利申请量由 2010 年的 42

万件，增长至2020年（1—11月）的70万件，增长了不到1倍，且其增长趋势也出现了波动，增长速度较为缓慢。通过上述三种专利类型的申请情况可以看出，2010年三种专利类型申请量基本齐平，三种专利类型占比均衡，差距不大，到2020年，发明专利申请量约是外观设计专利申请量的2倍，实用新型专利申请量是外观设计专利申请量的近4倍，三种专利类型的申请量的差异不断拉大。实用新型专利和发明专利，无论是申请量还是占比情况，近年来均保持持续增长的态势，主要是由于国人的专利保护意识不断增强，对于高质量专利保护的意识也不断强化，希望通过保护期限更长、稳定性更高的专利类型对发明创造进行保护，维护科研成果，使利益最大化。

表1－1　中国2020年1—11月各专利类型申请占比

专利类型	申请数量（万件）	申请占比
发明	140.3	29.0%
实用新型	272.6	56.5%
外观设计	70.0	14.5%

图1－1描述了中国2018年各地区专利申请数量的分布图。由图中可以看出，广东省的专利申请量最多，达到79.4万件，江苏省排名第二位，申请量达到60.0万件，浙江省排名第三位，申请量达到45.6万件。这3个地区都是我国东部沿海经济最为发达的地区，经济能力强，市场创新积极性高，专利保护需求最强烈。北京市、天津市、上海市、重庆市四个直辖市的申请量也比较大，分别达到21.1万件、9.9万件、15.0万件、7.2万件，专利申请的数量比一般省份申请量高，可见这些直辖市的经济创新能力非常强。专利申请数量的多少，不仅与国家的政策、经济有关，还与地方经济实力、创新能力，以及地方政策有很大的关系，广东省、江苏省、浙江省、北京市、上海市等作为我国主要的经济强区，不仅经济能力强，企业创新活力大，涉外事务与出口量也多，经常面临美国的“337调查”等，因此，专利保护意识强，申请量明显高于其他地区。

图1－2是中国2018年副省级城市及新疆生产建设兵团专利申请数量分布，由图中可以看出，作为中国一线城市的广州市、深圳市，它们的专

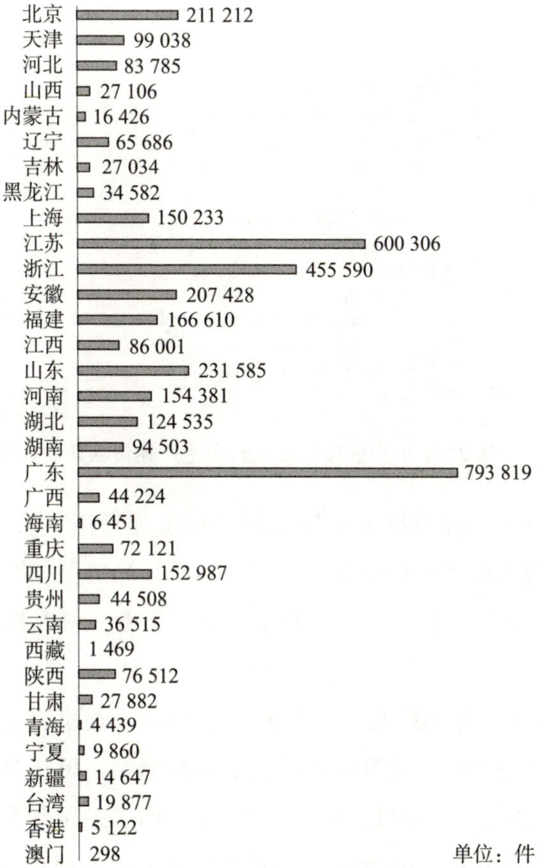

图1－1　中国2018年各地区专利申请数量

利申请量明显多于其他城市，深圳市达到22.8万件，广州市达到17.3万件，分别排名第一、第二，当然，由图1－2也可以看出同样是一线城市的北京市、上海市，其专利申请量也非常大，紧随其后的是南京市、成都市、杭州市，分别申请了9.9万件、9.89万件、9.85万件，宁波市、青岛市以及武汉市的申请量也不低，都达到了6万件以上。与图1－2显示的内容相同，广州市、深圳市、南京市、成都市、杭州市等，都是我国经济较为发达的城市，经济能力强，市场创新积极性高，专利保护意识较为深入，保护需求较强烈，因此，专利申请数量申请量明显高于其他城市。

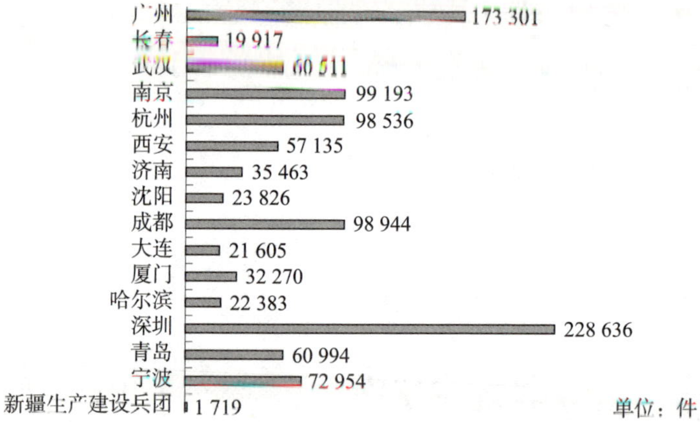

图 1-2　中国 2018 年副省级城市及新疆生产建设兵团专利申请数量

2011—2020 年，专利申请量与专利授权量都保持了快速增长的趋势，且专利申请量的增长趋势相较专利授权量的增长趋势更加明显。虽然 2014 年受经济危机的影响，申请量与授权量均有所下滑，但也基本与 2013 年持平。其中国内外三种专利授权量由 2011 年的 96 万件，上升为 2020 年 363.9 万件，我国的专利授权量大幅提升，国民人均享有专利量增加。但是，专利申请量与专利授权量的差距也在不断增大，2011 年专利申请量与专利授权量的差距在 67 万件。到了 2020 年，两者差距越来越多。由此可知，我国的专利授权量不断增多，表明我国国民的专利意识不断增强，创新能力也不断提升，但成功授权率逐年降低，这也从侧面说明近年来创新主体申请了部分实用性低，无应用价值的专利，专利管理部门的审核也越来越严格。在专利授权部门的审核下，大量低质量专利被拒之门外，充分地维护了我国知识产权保护体系，也体现了高价值专利的重要性。

二、国际专利申请现状

全球的专利申请量与工业品外观设计申请量在 2014 年至 2019 年，均呈现不断增长的趋势，专利申请量由 2014 年的 268 万件，增长至 2019 年的 322 万件，工业品外观设计专利申请量由 2014 年的 85 万件，增长至 2019 年的 136 万件。全球的专利申请量明显比工业品外观设计申请量大。

其中，2019 年的专利申请量比 2018 年下降了 3%，是自 2008 年金融危机以来的首次下降。中国申请量的大幅下降是全球申请总量下降的主要原因。自 1995 年以来，全球发明专利申请量除了在 2002 年、2009 年和 2019 年分别下降了 0.9%、3.8% 和 3% 之外，其余年份均在增长。

中国国家知识产权局在 2019 年收到了 140 万件发明专利申请，是收到发明专利申请数量排名第二的美国专利商标局（621 453 件）的两倍多。接下来是日本特许厅（307 969 件）、韩国特许厅（218 975 件）、欧洲专利局（181 479 件）。在过去十年中，中国发明专利申请量世界占比大幅增加——从 2009 年的 17% 增加到 2019 年的 43.4%。中国发明专利申请量从 2009 年的第三名升至 2011 年的第一名，并在过去九年稳居榜首。

2019 年韩国每 1 000 亿美元国内生产总值中有 7 779 件居民专利申请，位居榜首，中国（5 520 件）位居第二，其次是日本（4 691 件）、德国（1 642 件）、瑞士（1 634 件）、美国（1 389 件）、瑞典（1 130 件）、丹麦（1 128 件）、芬兰（1 127 件）和荷兰（927 件）位居前十。在前十名中，中国的发明专利居民申请量与国内生产总值的比率有了相当大的提高，从 2009 年的 2 133 件上升到 2019 年的 5 520 件。相反，日本的降幅最大，从 6 409 件降至 4 691 件。

2019 年，通过 PCT 提交的国际专利申请增长 5.2%（26.58 万件），这是连续第 10 年实现增长。2019 年，中国申请人提交的 PCT 专利申请最多（58 990 件），其次是美国（57 840 件）和日本（52 660 件）。德国和韩国分别排在第四和第五，申请量分别为 19 353 件和 19 085 件。在申请量排名前 20 的国家中，土耳其（+46.7%）、韩国（+12.8%）、加拿大（+12.2%）和中国（+10.6%）在 2019 年实现了两位数的年增长。西班牙（+8.1%）、日本（+5.9%）和以色列（+5.7%）也实现了 PCT 申请量的强劲增长。相比之下，芬兰（-9.8%）、澳大利亚（-3.2%）、荷兰（-3%）、奥地利（-2.7%）和德国（-2%）的申请均出现下跌。在 2019 年所有 PCT 申请中，来自亚洲的申请占 52.4%，而欧洲（23.2%）和北美（22.8%）各占不到四分之一。

三、专利申请的数量与质量

近年来，我国的专利申请量及授权量持续地增长，专利发展势头良好。自2011年起，我国的发明专利申请受理量就达到世界第一，并持续保持至今。但是由于低质量及问题专利的频繁出现，我国的专利质量问题也引发了国内外的广泛关注，对我国的专利质量产生担忧与质疑，这导致部分国家不认可我国专利在国际中地位以及我国对世界专利体系作出的贡献。为此，我国应该加快知识产权强国建设，实施专利质量提升工程，推动我国专利实现由大到强的转变，提升我国的世界地位。

专利质量是指专利权的实际法律效力，包括：依法享受的保护范围适当，专利权稳定，难以被规避，侵权者难以逃脱法律责任，难以被发现法律保护漏洞，可阻止相同发明构思的其他实施例也成为专利，等等。专利质量是彰显创新驱动发展质量效益的核心指标之一，是保障知识产权事业持续健康发展的生命线，是夯实知识产权强国建设的基础。专利制度是对知识产权的保护。通过法律的保护，保障专利申请者的权益并实现其商业价值。专利质量是技术质量（新颖性、创造性和实用性）、法律质量（法律稳定性）和经济质量（商业价值）的有机结合。单纯的专利数量增长，并不具备太大的战略意义。专利质量才是发展创新的关键部分，才可以产生科技价值与商业价值。发明创造水平低的专利，不可能成为高价值的专利。高价值的专利还必须具有市场价值及市场控制力，它的运用能够带来真金白银，能够真正体现专利的价值，从而促进经济的发展①。

“质量和效益”成为全国知识产权系统贯彻落实中央决策部署、推动我国由知识产权大国向知识产权强国转变的关键词。在2014年5月15日举行的第三届北京市发明专利奖颁奖大会上，应邀出席大会的国家知识产权局局长申长雨指出：“要认真贯彻落实习近平总书记重要指示精神，推动更高水平的创造，更加注重专利的质量，实现由数量和速度向质量和效

---

① 洪敏，张涛，张珂贤．中国专利增长现状及动因研究［J］．现代管理科学，2018（2）：24－26.

益的转变，激励创新主体创造出更多基础专利、原始专利、核心专利和高价值专利。”没有高价值核心专利和原始专利作支撑，知识产权强国建设就会成为无源之水、无本之木。

中国正在从知识产权大国向知识产权强国迈进。如何加快这一进程，知识产权质量的提升是关键。提升专利申请的质量，保护知识产权，对国家的科技创新和经济建设意义重大。正因如此，为推动我国专利由多向优、由大到强转变，加快知识产权强国建设，实施专利质量提升工程成为国家知识产权局重点工作之一。在实践中经常可以发现由于撰写者的技术背景不强、对专利法律了解不够、缺乏在发明人交底方案上的再创造或专利诉讼经验不足，而导致专利申请文件存在撰写损失，即申请文件存在各种内在缺陷，最终造成专利的实际法律效力小于期望的保护范围。从创造源头，从申请代理，从审查包括确权等各个环节上严把专利质量关，将有利地促进我国由要素驱动发展转向创新驱动发展，助力我国从知识产权大国向知识产权强国的转变。

1. 规范专利申请行为的最新规定

2017 年，《国家知识产权局关于修改〈关于规范专利申请行为的若干规定〉的决定》正式公布，自 2017 年 4 月 1 日起施行。修改后的《关于规范专利申请行为的若干规定》（以下简称《若干规定》）增加了非正常专利申请的行为方式，加大了针对非正常专利申请行为的处理力度，这将有助于进一步打击非正常专利申请行为。

（1）修改背景。

为了提升专利质量，2007 年国家知识产权局出台了《若干规定》，其中列举了 2 种典型的非正常专利申请行为，并提出了相应的处理措施。该《若干规定》的实施对于遏制非正常专利申请行为发挥了一定作用，但是现实中又出现了一些新的比较突出的非正常专利申请行为，需要予以规制。

2015 年 12 月，《国务院关于新形势下加快知识产权强国建设的若干意见》发布，明确提出要实施专利质量提升工程，解决知识产权大而不强、多而不优的问题。2016 年国家知识产权局印发的《专利质量提升工程实施方案》，也将修订《若干规定》列为完善法律法规的措施之一，作为专利质量提升工程实施的基础支撑。

“为了更好地贯彻落实国务院文件精神，实施专利质量提升工程，及时处理发现的各种非正常专利申请行为，国家知识产权局决定在充分论证的基础上，修改《若干规定》。”国家知识产权局条法司相关负责人表示。

2016年8月，国家知识产权局启动了《若干规定》修改工作。结合立法后评估以及近年来的调研情况，经过认真研究，并征求地方知识产权行政管理部门、企业和专利代理机构意见，形成了《关于规范专利申请行为的若干规定修改草案（征求意见稿）》及其说明，并于2016年12月6日至2017年1月6日在国务院法制办“法规规章草案意见征集系统”和国家知识产权局政府网站上向社会公开征求意见。

据相关负责人介绍，征求意见期间，共收到来自32个单位和个人提出的58条意见和建议。经整理、归纳、分析和论证，国家知识产权局采纳了部分意见。在上述工作的基础上，形成了《关于规范专利申请行为的若干规定修改草案（送审稿）》。经局务会审议通过后，2017年2月28日，国家知识产权局正式公布了修改后的《若干规定》。

（2）修改内容。

据了解，和现行的《若干规定》相比，修改后的《若干规定》主要在两大方面进行了变动，一是增加了非正常专利申请的行为方式，二是加强了针对非正常专利申请行为的处理措施。

在增加非正常专利申请的行为方式方面，现行《若干规定》中，非正常专利申请的行为涉及提交多件内容明显相同或者明显抄袭现有技术或现有设计的专利申请。相关负责人介绍:“而在现实中出现的新的非正常专利申请行为，主要还包括将不同材料、组分、配比、部件等进行简单替换或者拼凑后提交多件专利申请；以编造实验数据或者技术效果的方式提交多件专利申请；通过计算机技术随机生成产品形状、图案或者色彩等类似手段提交多件专利申请。因此，需要在《若干规定》中增加上述行为方式，以更好地规范专利申请行为。”此外，由于现实中还存在个别单位或者个人代为撰写、帮助他人提交非正常专利申请的情形，此次修改参考了《中华人民共和国侵权责任法》的规定，将帮助他人提交非正常专利申请的行为也纳入了《若干规定》中。

在加强针对非正常专利申请行为的处理措施方面，修改后的《若干规定》对原有的6项处理措施中的几项作出了修改。“为了进一步增强威慑作用，加大对于非正常专利申请行为的处理力度，修改后的《若干规定》对提交非正常专利申请情节严重的申请人，在不予减缴专利费用、要求进行补缴的基础上，视情况自本年度起5年内不予减缴专利费用。”负责人表示，对于享受资助和奖励的申请人，各级知识产权局除了不予资助、奖励、进行追还外，视情况自本年度起5年内不予资助或者奖励。对于进行非正常专利申请行为的申请人、代理机构或者帮助他人提交非正常专利申请的单位或者个人，相关信息将纳入全国信用信息共享平台。[①]

2. 提升专利质量

专利质量如何标定，这关系到提升专利质量的发展方向。一般而言，专利从创造到申请、审查，再到授权，以及后续的维持或者维权，离不开多方面的人员参与，有发明人或者申请人参与，也有专利代理人的参与，还有审查员的参与。因此，专利质量提升是一项系统化工程，离不开多个部门的参与。首先，发明人的发明创造是决定专利质量的重要因素，发明人的交底书是决定专利质量的重要因素。优秀的交底书不仅需要对申请专利的目的和背景有详细了解，还需要对该专利或者项目的现有技术水平有所了解。因此，建议发明人在申请前对本申请一定要进行充分了解。其次，专利代理人高质量的撰写是获取高质量专利不可缺少的环节，专利撰写是一个复杂的过程，需要专利代理人充分理解技术交底书后，结合《专利法》相关文件要求，撰写出一份涵盖技术层面的法律文书。专利撰写不仅涉及法律层面，更涉及技术层面。因此，找一个懂技术的专利代理人对口处理十分重要，可以更好地理解方案。再次，审查员的审查和后续答复也十分关键，一项高质量专利的获得，离不开发明人、审查员的沟通，特别是审查意见的交互。

因此，一份高质量的专利，往往离不开企业、发明人、专利代理人甚

---

① 吴艳.《国家知识产权局关于修改〈关于规范专利申请行为的若干规定〉的决定》4月1日起施行［R/OL］.（2017－03－08）. http://www.cnipa.gov.cn/art/2017/3/8/art_7_176041.html.

至审查员的参与，这是个系统过程。一项发明专利从申请到授权或者驳回，这个过程往往需要两到三年时间，与其在这个过程中等待，还不如事前就准备充分，或者再接再厉，获得新的思路和方向，进行后续的专利布局和挖掘。我们不仅要努力改变目前专利申请数量与质量之间存在的结构性矛盾，更要让创新主体能够快速获得权利稳定可靠的专利授权，促进创新成果变成实实在在的产业收益。

第二章

专利的高质量申请

第一节　专利申请的基本要求

一、新的技术方案

1. 法条含义

《专利法》所称的发明，是指对产品、方法或者其改进所提出的新的技术方案，这是对可申请专利保护的发明客体的一般性定义，不是判断新颖性、创造性的具体审查标准。

我国2019年修订的《专利审查指南》规定，技术方案是对要解决的技术问题所采取的利用了自然规律的技术手段的集合。技术手段通常由技术特征来体现。未采用技术手段解决技术问题，以获得符合自然规律的技术效果的方案，不属于《专利法》第二条第二款规定的客体。根据上述规定，一项技术方案应该同时具备技术手段、技术问题和技术效果三要素。一般来说，通过技术手段解决的问题都是技术问题，通过技术手段实现的效果都是技术效果。如，气味或者诸如声、光、电、磁、波等信号或者能量不属于《专利法》第二条第二款规定的客体，但利用其性质解决技术问题的，应该将其认定为技术方案，属于《专利法》第二条第二款规定的客体。涉及计算机程序的发明专利申请也必须是一种符合这一条款要求的新的技术方案①。

2019年修订的《专利审查指南》第九章“关于涉及计算机程序的发明专利申请审查的若干规定”规定，涉及计算机程序的发明是指为解决发明提出的问题，全部或部分以计算机程序处理流程为基础，通过计算机执

① 中华人民共和国国家知识产权局. 专利审查指南2010：2019年修订［M］. 北京：知识产权出版社，2020：121.

行按上述流程编制的计算机程序，对计算机外部对象或者内部对象进行控制或处理的解决方案。所说的对外部对象的控制或处理包括对某种外部运行过程或外部运行装置进行控制，对外部数据进行处理或者交换等；所说的对内部对象的控制或处理包括对计算机系统内部性能的改进，对计算机系统内部资源的管理，对数据传输的改进等。涉及计算机程序的解决方案并不必须包含对计算机硬件的改变。

如果涉及计算机程序的发明专利申请的解决方案执行计算机程序的目的是解决技术问题，在计算机上运行计算机程序从而对外部或内部对象进行控制或处理所反映的是遵循自然规律的技术手段，并且由此获得符合自然规律的技术效果，则这种解决方案属于《专利法》第二条第二款所说的技术方案，属于专利保护的客体。

如果涉及计算机程序的发明专利申请的解决方案执行计算机程序的目的不是解决技术问题，或者在计算机上运行计算机程序从而对外部或内部对象进行控制或处理所反映的不是利用自然规律的技术手段，或者获得的不是受自然规律约束的效果，则这种解决方案不属于《专利法》第二条第二款所说的技术方案，不属于专利保护的客体。

例如，如果涉及计算机程序的发明专利申请的解决方案执行计算机程序的目的是为了实现一种工业过程、测量或测试过程控制，通过计算机执行一种工业过程控制程序，按照自然规律完成对该工业过程各阶段实施的一系列控制，从而获得符合自然规律的工业过程控制效果，则这种解决方案属于《专利法》第二条第二款所说的技术方案，属于专利保护的客体。

如果涉及计算机程序的发明专利申请的解决方案执行计算机程序的目的是为了处理一种外部技术数据，通过计算机执行一种技术数据处理程序，按照自然规律完成对该技术数据实施的一系列技术处理，从而获得符合自然规律的技术数据处理效果，则这种解决方案属于《专利法》第二条第二款所说的技术方案，属于专利保护的客体。

如果涉及计算机程序的发明专利申请的解决方案执行计算机程序的目的是为了改善计算机系统内部性能，通过计算机执行一种系统内部性能改进程序，按照自然规律完成对该计算机系统各组成部分实施的一系列设置或调整，从而获得符合自然规律的计算机系统内部性能改进效果，则这种解决方案属于《专利法》第二条第二款所说的技术方案，属于专利保护的客体①。

2. 案例剖析

（1）涉及声、光、电、磁、波等信号或能量的主题。

对于上述主题的权利要求，无论权利要求的特征部分采用何种撰写方式，可以仅依据主题直接认定该权利要求的主题不符合《专利法》第二条第二款的规定。

声、光、电、磁、波等信号或者能量本身不受《专利法》保护，但其发生装置或方法属于可授予专利权的客体。

【例 2－1】

权利要求：一种由稳频单频激光器发出的稳频单频激光，其特征在于所述稳频单频激光器具有激光管和稳频器。

【分析】

该权利要求请求保护的主题是一种激光，虽然其特征部分对产生激光的激光器的具体构成部件，例如激光管等，进行了限定，但由于请求保护的主题是激光，因此该权利要求作为一个整体请求保护的是激光本身，而激光本身不属于《专利法》意义上的产品发明，因而该权利要求不符合《专利法》第二条第二款的规定。

（2）图形、平面、曲面、弧线等本身。

图形、平面、曲面、弧线等本身不受《专利法》保护，但具有图形、平面、曲面、弧线等的产品属于可授予专利权的客体。

【例 2－2】

权利要求 1：一种供划线作业使用的划规，由两臂及铰轴组成，其特征在于：在两臂上与铰轴等距离处分别刻有刻度，刻度上标有数字，该数字与相应的等分圆内接多边形边数相同，相应于该数字的刻度到铰轴中心的距离，与铰轴中心到臂端的距离之比，等于相应的等分圆内接多边形的边长与该等分圆的直径比。

权利要求 2：按权利要求 1 的划规所形成的等分圆。

---

① 尹新天. 中国《专利法》详解［M］. 缩编版. 北京：知识产权出版社，2012：12－18.

【分析】

权利要求2请求保护的主题是一种等分圆，虽然权利要求2请求保护的等分圆用权利要求1的划规进行了限定，但其实质上请求保护的主题是一种图形，而图形本身不属于《专利法》第二条第二款意义上的产品发明，因此不属于发明专利保护的客体。

二、违反法律、社会公德或者妨害公共利益

1. 法条含义

根据《专利法》第五条的规定，对违反法律、社会公德或者妨害公共利益的发明创造，不授予专利权。

对违反法律、行政法规的规定获取或者利用遗传资源，并依赖该遗传资源完成的发明创造不授予专利权。

法律、行政法规、社会公德和公共利益的含义较广泛，常因时期、地区的不同而有所变化。有时由于新法律、行政法规的颁布实施或原有法律、行政法规的修改、废止，会增设或解除某些限制，要特别注意。其中，《专利法》第五条第一款的审查对象为整个申请文件，即权利要求书、说明书（包括附图）和说明书摘要。申请文件中只要存在违反《专利法》第五条第一款的内容，都是不允许的。《专利法》第五条第二款的审查对象除了上述申请文件以外，还包括遗传资源来源披露登记表。

《专利法》所称遗传资源，是指取自人体、动物、植物或者微生物等含有遗传功能单位并具有实际或者潜在价值的材料；《专利法》所称依赖遗传资源完成的发明创造，是指利用了遗传资源的遗传功能完成的发明创造。就依赖遗传资源完成的发明创造申请专利的，申请人应当在请求书中予以说明，并填写国务院专利行政部门制定的表格。

发明创造与法律相违背的，不能被授予专利权。例如，用于赌博的设备、机器或工具；吸毒的器具；伪造国家货币、票据、公文、证件、印章、文物的设备等都属于违反法律的发明创造，不能被授予专利权。

发明创造并没有违反法律，但是由于其被滥用而违反法律的，则不属此列。例如，用于医疗的各种毒药、麻醉品、镇静剂、兴奋剂和用于娱乐

的棋牌等。

2010 年修订的《专利法实施细则》第十条规定，专利法第五条所称违反法律的发明创造，不包括仅其实施为法律所禁止的发明创造。其含义是，如果仅仅是发明创造的产品的生产、销售或使用受到法律的限制或约束，则该产品本身及其制造方法并不属于违反法律的发明创造。例如，用于国防的各种武器的生产、销售及使用虽然受到法律的限制，但这些武器本身及其制造方法仍然属于可给予专利保护的客体。

社会公德，是指公众普遍认为是正当的、并被接受的伦理道德观念和行为准则。它的内涵基于一定的文化背景，随着时间的推移和社会的进步不断地发生变化，而且因地域不同而各异。《专利法》中所称的社会公德限于中国境内。

发明创造与社会公德相违背的，不能被授予专利权。例如，带有暴力凶杀或者淫秽的图片或者照片的外观设计，非医疗目的的人造性器官或者其替代物，人与动物交配的方法，改变人生殖系遗传同一性的方法或改变了生殖系遗传同一性的人，克隆的人或克隆人的方法，人胚胎的工业或商业目的的应用，可能导致动物痛苦而对人或动物的医疗没有实质性益处的改变动物遗传同一性的方法等，上述发明创造违反社会公德，不能被授予专利权。

妨害公共利益，是指发明创造的实施或使用会给公众或社会造成危害，或者会使国家和社会的正常秩序受到影响。

发明创造以致人伤残或损害财物为手段的，如一种使盗窃者双目失明的防盗装置及方法，不能被授予专利权。

发明创造的实施或使用会严重污染环境、严重浪费能源或资源、破坏生态平衡、危害公众健康的，不能被授予专利权。

专利申请的文字或者图案涉及国家重大政治事件或宗教信仰、伤害人民感情或民族感情或者宣传封建迷信的，不能被授予专利权。

但是，如果发明创造因滥用而可能造成妨害公共利益的，或者发明创造在产生积极效果的同时存在某种缺点的，例如对人体有某种副作用的药品，则不能以“妨害公共利益”为理由拒绝授予专利权。

部分违反《专利法》第五条第一款的申请。一件专利申请中含有违反法律、社会公德或者妨害公共利益的内容，而其他部分是合法的，则该专利申请称为部分违反《专利法》第五条第一款的申请。对于这样的专利申请，如果申请人不同意删除违法的部分，则该专利申请就不能被授予专利权。

例如，一项“投币式弹子游戏机”的发明创造。游戏者如果达到一定的分数，机器则抛出一定数量的钱币。则申请人应当将抛出钱币的部分删除或对其进行修改，使之成为一个单纯的投币式游戏机。否则，它即使是一项新的有创造性的技术方案，也不能被授予专利权①。

2.《专利审查指南》关于人类胚胎干细胞技术的最新规定

为顺应人类胚胎干细胞技术的快速发展和创新主体对相关技术专利保护的迫切需求，我国2020年修改的《专利审查指南》，不再对“未经过体内发育的受精14天以内的人类胚胎分离或者获取干细胞技术”的专利保护以《专利法》第五条为由完全排除。

由于技术的局限性，早期获取人类胚胎干细胞只能通过破坏人自生胚胎的方式，导致人类胚胎干细胞的科学研究面临较大的伦理争议。随着科技的不断发展，人类胚胎干细胞领域不断涌现出新技术，体外获取技术已成为目前人类胚胎干细胞的主要获取途径，这就避免了从体内获取干细胞的相关伦理争议。尤其地，受精14天以内的囊胚还没有进行组织分化和神经发育，从体外发育14天以内的囊胚获得人类胚胎干细胞不存在违背伦理道德的问题。我国在2003年12月24日由中华人民共和国科学技术部和中华人民共和国卫生部颁布的《人类胚胎干细胞研究伦理指导原则》第六条第一款规定：“进行人类胚胎干细胞研究，必须遵守以下行为规范：（一）利用体外受精、体细胞核移植、单性复制技术或遗传修饰获得的囊胚，其体外培养期限自受精或核移植开始不得超过14天。”

由于人类胚胎干细胞因具有无限增殖及分化全能性而成为全球研究热点，其在疾病治疗和再生医学领域具有广阔的应用前景。因此，随着人类胚胎干细胞研究的深入和临床治疗曙光的出现，考虑到全社会最大利益的

---

① 中华人民共和国国家知识产权局．专利审查指南2010：2019年修订［M］．北京：知识产权出版社，2020：122－123.

实现，此次修改不再对未经过体内发育的受精14天以内的人类胚胎分离或者获取干细胞技术的专利保护以《专利法》第五条为由完全排除。从而实现了对于部分胚胎干细胞研究相关发明给予适当专利保护的目的，解决了目前“一刀切”的局面，符合我国产业科研政策的规定，也符合相关伦理道德的要求。

三、职务发明创造

我国《专利法》第六条规定：执行本单位的任务或者主要是利用本单位的物质技术条件所完成的发明创造为职务发明创造。职务发明创造申请专利的权利属于该单位，申请被批准后，该单位为专利权人。该单位可以依法处置其职务发明创造申请专利的权利和专利权，促进相关发明创造的实施和运用。

非职务发明创造，申请专利的权利属于发明人或者设计人；申请被批准后，该发明人或者设计人为专利权人。

利用本单位的物质技术条件所完成的发明创造，单位与发明人或者设计人订有合同，对申请专利的权利和专利权的归属作出约定的，从其约定。

2010年修订的《专利法实施细则》第十二条规定：“专利法第六条所称执行本单位的任务所完成的职务发明创造，是指：

（一）在本职工作中作出的发明创造；

（二）履行本单位交付的本职工作之外的任务所作出的发明创造；

（三）退休、调离原单位后或者劳动、人事关系终止后1年内作出的，与其在原单位承担的本职工作或者分配的任务有关的发明创造。

专利法第六条所称本单位，包括临时工作单位；专利法第六条所称本单位的物质技术条件，是指本单位的资金、设备、零部件、原材料或者不对外公开的技术资料等。”

对于职务发明创造，专利申请权属于发明人、设计人所属的单位。这些单位可以是中国的企业、事业单位或者机关、团体以及其他可以独立承担民事责任的组织；也可以是在我国境内的具有中国法人地位的外资或中外合资企业，专利被批准以后，全民所有制单位申请的，专利权归该单位持有；非全民所有制单位申请的，专利权归该单位所有。职务发明创造专利权的持有和所有单位，应当根据发明创造的意义和实施以后的经济效益，对发明人、设计人按照其对完成发明创造所作贡献的大小，给予奖金和报酬。

两个以上单位协作或者一个单位接受其他单位委托所完成的发明创造，除另有协议外，申请专利的权利归完成或共同完成的单位；申请被批准后，专利权归申请或者共同申请的单位持有或所有。值得注意的是，两个以上单位协作时，可以作为共同申请人的是那些对发明创造的实质性特点作出创造性贡献或实质性改进的单位，只是进行一般性的工业化试验和生产应用的单位不能作为共同完成发明创造的单位。

非职务发明是指职务发明以外的发明创造。对于非职务发明创造，申请专利的权利属于该发明人或设计人。申请批准以后，专利权归发明人、设计人所有。在我国工作或居住的外国人完成的非职务发明创造，申请专利的权利属于该外国发明人或设计人。申请批准后专利权也归其所有。几个人共同完成的，归几个人共有。

其中，《专利法》意义上的发明人、设计人是指对发明创造的实质性特点作出创造性贡献的人，是在发明创造课题的提出、技术方案的形成或克服技术难点等方面起主要或重要作用的人。在发明完成过程中，帮助进行一般性的测绘、试验、加工、计算或资料整理以及进行领导和后勤支持工作的人员不是发明人①。我国的发明人、设计人不分年龄、性别、职业、政治面貌、健康状况以及居住地，只要有正常的行为能力都有权申请专利。

四、禁止重复授权

1. 法条含义

《专利法》第九条规定，同样的发明创造只能授予一项专利权。但是，同一申请人同日对同样的发明创造既申请实用新型专利又申请发明专利，先获得的实用新型专利权尚未终止，且申请人声明放弃该实用新型专利权

① 洪允楣. 技术创新专利申请策划基础 [M]. 北京：化学工业出版社，2004：17-21.

的，可以授予发明专利权。

两个以上的申请人分别就同样的发明创造申请专利的，专利权授予最先申请的人。

上述条款规定了不能重复授予专利权的原则。禁止对同样的发明创造授予多项专利权，是为了防止权利之间存在冲突。专利权的基本含义是权利人禁止他人未经其许可实施其发明创造的权利。因此，对于同样的发明创造，即使有两个以上的申请人分别提出了专利申请，并且都符合授予专利权的条件，也不能都授予专利权，否则在多项专利权之间就会发生冲突。这就是“禁止重复授权的原则”，是专利制度的基本原则。

对于发明或实用新型，《专利法》第九条或2010年修改的《专利法实施细则》第四十一条中所述的“同样的发明创造”是指两件或两件以上申请（或专利）中存在的保护范围相同的权利要求。

不同申请人就同样的发明创造先后分别提出申请，而这两份申请符合授予专利权的其他条件的，根据《专利法》第九条的规定，专利权应授予在先申请的人。在先申请授权后，国家知识产权局专利局向在后申请的申请人发出审查意见通知书，指出该在后申请不符合《专利法》第九条的规定。申请人期满未答复的，该在后申请被视为撤回；申请人陈述意见收到之后仍不符合《专利法》第九条的规定的，将驳回在后申请。

不同申请人就同样的发明创造在同一日分别提出申请，并且这两份申请符合授予专利权的其他条件的，通知申请人自行协商确定申请人。申请人期满未答复的，两份申请均被视为撤回；协商不成，或者经申请人陈述意见或进行修改后仍不符合《专利法》规定的，对两份申请均予以驳回。

2. 案例剖析

【例2－3】

某案请求保护一种切割装置，本案的申请人在同日既申请实用新型又申请发明专利，且在申请时分别做出了说明。该实用新型目前属于申请人主动放弃专利权的失效状态。

【分析】

《专利法》第九条第一款规定，“同一申请人同日对同样的发明创造既申请实用新型专利又申请发明专利，先获得的实用新型专利权尚未终止，且申请人声明放弃该实用新型专利权的，可以授予发明专利权。”由上述规定可知，放弃实用新型专利权进而获得发明专利申请授权的条件之一是“先获得的实用新型专利权尚未终止”。上述规定的目的是避免出现先授予的实用新型专利权由于未缴纳年费或者保护期限届满等原因已终止，又被授予发明申请专利权的情况，从而更好地维护公众利益不受损害。

具体到本案，在对发明专利进行授权前，实用新型专利已经因为主动放弃专利权而处于专利失效状态。由于专利局已经对该实用新型进行失效处理，并在专利公报上公告，因此，在终止后该实用新型专利权保护的发明创造即进入了公有领域。如果专利局在实用新型专利权利终止后，又对同样的发明创造重新授予发明专利权，这对公众来说有失公平。本案只能修改发明专利申请的权利要求，使之与实用新型专利权的保护范围不同，从而获得发明专利申请的授权。

【例 2－4】

某案申请人于申请日提交的同样的实用新型申请，于 2013 年 10 月 24 日被授予实用新型专利，然而该专利权由于未按时缴纳年费，于 2014 年 06 月 25 日终止，之后申请人也未在恢复期内请求恢复权利，国家知识产权局于 2015 年 3 月 2 日发出专利权终止通知书，目前该专利权处于失效状态。

【分析】

同一申请人同日对同样的发明创造既申请实用新型专利又申请发明专利，先获得的实用新型专利权尚未终止，且申请人声明放弃该实用新型专利权的，可以授予发明专利权。本案在对发明专利进行授权前，实用新型专利由于未按时缴纳年费而处于专利失效终止的状态。在发明授权时，实用新型专利已处于失效状态，此时，不能通过放弃实用新型专利的方式使发明获得授权。鉴于同日实用新型专利当前的法律状态，申请人此时无法通过放弃该同日申请的实用新型而得到本案发明专利的授权。

五、不授予专利权的客体

1. 法条含义

从各国专利法的规定以及专利法的施行情况来看，并非由人创造出来的任何东西都可以获得专利保护，各国都将其中一部分排除在专利保护之外。我国也对部分主题排除在专利法的保护范围之外。专利申请要求保护的主题属于《专利法》第二十五条第一款所列不授予专利权的客体的，不能被授予专利权。

（1）科学发现。

科学发现，是指对自然界中客观存在的物质、现象、变化过程及其特性和规律的揭示。科学理论是对自然界认识的总结，是更为广义的发现。它们都属于人们认识的延伸。这些被认识的物质、现象、过程、特性和规律不同于改造客观世界的技术方案，不是专利法意义上的发明创造，因此不能被授予专利权。例如，发现卤化银在光照下有感光特性，这种发现不能被授予专利权，但是根据这种发现制造出的感光胶片以及此感光胶片的制造方法则可以被授予专利权。又如，从自然界找到一种以前未知的以天然形态存在的物质，仅仅是一种发现，不能被授予专利权。

应当注意，发明和发现虽有本质不同，但两者关系密切。通常，很多发明是建立在发现的基础之上的，进而发明又促进了发现。发明与发现的这种密切关系在化学物质的“用途发明”上表现最为突出，当发现某种化学物质的特殊性质之后，利用这种性质的“用途发明”则应运而生。

（2）智力活动的规则和方法。

智力活动，是指人的思维运动，它源于人的思维，经过推理、分析和判断产生出抽象的结果，或者必须经过人的思维运动作为媒介，间接地作用于自然产生结果。智力活动的规则和方法是指导人们进行思维、表述、判断和记忆的规则和方法。

由于其没有采用技术手段或者利用自然规律，也未解决技术问题和产生技术效果，因而不构成技术方案。它既不符合《专利法》第二条第二款的规定，又属于《专利法》第二十五条第一款第（二）项规定的情形。因此，指导人们进行这类活动的规则和方法不能被授予专利权。

在判断涉及智力活动的规则和方法的专利申请要求保护的主题是否属于可授予专利权的客体时，应当遵循以下原则。

①如果一项权利要求仅仅涉及智力活动的规则和方法，则不应当被授予专利权。

②如果一项权利要求，除其主题名称以外，对其进行限定的全部内容均为智力活动的规则和方法，则该权利要求实质上仅仅涉及智力活动的规则和方法，也不应当被授予专利权。

例如：审查专利申请的方法；组织、生产、商业实施和经济等方面的管理方法及制度；交通行车规则、时间调度表、比赛规则；演绎、推理和运筹的方法；图书分类规则、字典的编排方法、情报检索的方法、专利分类法；日历的编排规则和方法；仪器和设备的操作说明；各种语言的语法、汉字编码方法；计算机的语言及计算规则；速算法或口诀；数学理论和换算方法；心理测验方法；教学、授课、训练和驯兽的方法；各种游戏、娱乐的规则和方法；统计、会计和记账的方法；乐谱、食谱、棋谱；锻炼身体的方法；疾病普查的方法和人口统计的方法；信息表述方法；计算机程序本身。

以上均属于智力活动的规则和方法，属于专利法规定的不应当被授予专利权的主题。专利法除了上述所描述的情形之外，如果一项权利要求在对其进行限定的全部内容中既包含智力活动的规则和方法的内容，又包含技术特征，则该权利要求就整体而言并不是一种智力活动的规则和方法，不应当依据《专利法》第二十五条排除其获得专利权的可能性。

其中，2020 年修改的《专利审查指南》第九章“关于涉及计算机程序的发明专利申请审查的若干规定”指出，涉及计算机程序的发明专利申请按照下面原则进行审查。

①如果一项权利要求仅仅涉及一种算法或数学计算规则，或者计算机程序本身或仅仅记录在载体（例如磁带、磁盘、光盘、磁光盘、ROM、PROM、VCD、DVD 或者其他的计算机可读介质）上的计算机程序，或者游戏的规则和方法等，则该权利要求属于智力活动的规则和方法，不属于专利保护的客体。

②如果一项权利要求除其主题名称之外，对其进行限定的全部内容仅仅涉及一种算法或者数学计算规则，或者程序本身，或者游戏的规则和方法等，则该权利要求实质上仅仅涉及智力活动的规则和方法，不属于专利保护的客体。

例如，仅由所记录的程序本身限定的计算机可读存储介质或者一种计算机程序产品，或者仅由游戏规则限定的、不包括任何技术性特征，例如不包括任何物理实体特征限定的计算机游戏装置等，由于其实质上仅仅涉及智力活动的规则和方法，因而不属于专利保护的客体。但是，如果专利申请要求保护的介质涉及其物理特性的改进，例如叠层构成、磁道间隔、材料等，则不属此列。

（3）疾病的诊断和治疗方法。

疾病的诊断和治疗方法，是指以有生命的人体或者动物体为直接实施对象，进行识别、确定或消除病因或病灶的过程。出于人道主义的考虑和社会伦理的原因，医生在诊断和治疗过程中应当有选择各种方法和条件的自由。另外，这类方法直接以有生命的人体或动物体为实施对象，无法在产业上利用，不属于专利法意义上的发明创造。因此疾病的诊断和治疗方法不能被授予专利权。

但是，用于实施疾病诊断和治疗方法的仪器或装置，以及在疾病诊断和治疗方法中使用的物质或材料属于可被授予专利权的客体。

（4）动物和植物品种。

动物和植物是有生命的物体。根据《专利法》第二十五条第一款第（四）项的规定，动物和植物品种不能被授予专利权。《专利法》所称的动物不包括人，所述动物是指不能自己合成，而只能靠摄取自然的碳水化合物及蛋白质来维系其生命的生物。《专利法》所称的植物，是指可以借助光合作用，以水、二氧化碳和无机盐等无机物合成碳水化合物、蛋白质来维系生存，并通常不发生移动的生物。动物和植物品种可以通过《专利法》以外的其他法律法规保护，例如，植物新品种可以通过《植物新品种保护条例》给予保护。

根据《专利法》的规定，对动物和植物品种的生产方法，可以授予专利权。但这里所说的生产方法是指非生物学的方法，不包括生物学的方法。一种方法是否属于“主要是生物学的方法”，取决于在该方法中人的技术介入程度。如果人的技术介入对该方法所要达到的目的或者效果起到了主要的控制作用或者决定性作用，则这种方法不属于“主要是生物学的方法”。例如，采用辐照饲养法生产高产牛奶的乳牛的方法；改进饲养方法生产瘦肉型猪的方法等属于可被授予发明专利权的客体。

所谓微生物发明是指利用各种细菌、真菌、病毒等微生物去生产一种化学物质（如抗生素）或者分解一种物质等的发明。微生物和微生物方法可以获得专利保护。

（5）原子核变换方法以及用原子核变换方法获得的物质。

原子核变换方法以及用原子核变换方法获得的物质关系到国家的经济、国防、科研和公共生活的重大利益，不宜为单位或私人垄断，因此不能被授予专利权。

原子核变换方法，是指使一个或几个原子核经分裂或者聚合，形成一个或几个新原子核的过程，例如：完成核聚变反应的磁镜阱法、封闭阱法以及实现核裂变的各种方法等，这些变换方法是不能被授予专利权的。但是，为实现原子核变换而增加粒子能量的粒子加速方法（如电子行波加速法、电子驻波加速法、电子对撞法、电子环形加速法等），不属于原子核变换方法，而属于可被授予发明专利权的客体。为实现核变换方法的各种设备、仪器及其零部件等，均属于可被授予专利权的客体①。

2. 案例剖析

（1）仅仅以算法或者计算机程序本身为特征的产品。

主题是产品，特征全部为智力活动的规则和方法的权利要求，属于智力活动的规则和方法。

【例2－5】

①一种计算机可读存储介质，其特征在于存储了计算机程序，所述程序包括：A步骤；B步骤；……

②一种存储装置，其特征在于存储了计算机程序，所述程序包括：A步骤；B步骤；……

【分析】

仅以存储的计算机程序限定的存储介质，属于智力活动的规则和方法。

---

① 中华人民共和国国家知识产权局.《专利审查指南》2010：2019年修订［M］. 北京：知识产权出版社，2020：124－131.

【例 2 –6】

一种游戏扑克牌，其特征在于：该扑克牌的玩法为……

【分析】

仅以游戏规则限定的游戏工具，属于智力活动的规则和方法。

（2）人为制定的方法、规则。

单纯的智力活动的规则和方法的权利要求包括以下两种情形。

①主题名称为智力活动的规则和方法。

②除主题名称外，全部特征都是智力活动的规则和方法。

对于将标准专利化的专利申请如质量控制方法，由于质量控制的项目和标准都是人为的规定，因此质量控制方法的主题名称和内容都属于智力活动的规则和方法。

【例 2 –7】

权利要求 1：一种在所有彩票应用中的小数面额游戏方法，其中允许消费者购买整单位游戏票的小数面额份额，其数额等于消费者从授权提供游戏的零售商那里得到货物和服务而应返回的零钱，中奖者根据中奖票的相对函数值来按比例分享奖金。

【分析】

该权利要求涉及一种游戏方法，其解决方案是通过购买整单位游戏票的份额或比例，并根据相应的份额计算关系来分享奖金。该游戏方法的实质是通过人为设定分配计算办法，对共同购买整单位游戏票的所有持有者中奖后的奖金分配进行计算，属于智力活动的规则和方法。

【例 2 –8】

权利要求 1：一种儿童游戏棋，其特征是以九九乘法运算所得的乘积作为走棋指数，或以合数分解因数后所得的若干个因数中的一个因数或多个因数作为走棋指数，棋子根据上述计算的走棋指数可向前、向左或向右行走，逢单数向左行走，逢双数向右行走，逢倍数可向前行走，遇对方棋子时，可以大数吃小数。

【分析】

该权利要求涉及一种游戏棋，并依据该游戏棋行走步骤的计算方式，向前、向左或向右行走的规则以及吃掉对方棋子的行棋规则对这种游戏棋进行了限定。然而，虽然该权利要求的主题是一种产品，但对其进行限定的特征全部属于付模规则等这些人为设定的规则和方法，而没有包含任何技术特征，因此仍然属于一种智力活动的规则和方法。

【例 2－9】

权利要求 1：一种治疗妇科炎症的胶囊制剂的质量控制方法，其特征在于：质量控制方法由性状、鉴别、检查和含量测定组成，其中鉴别是对地稔、头花蓼、黄柏、五指毛桃和延胡索的鉴别，含量测定是用高效液相色谱法对胶囊制剂中没食子酸的含量测定。

【分析】

该权利要求涉及药品的质量控制方法，一般来说，质量控制方法都是人为的规定。测定哪些成分，控制哪些指标，检测哪些项目，都是根据产品的特点制定的。因此，质量控制方法的主题名称就是一种智力活动的规则和方法。

（3）以有生命的人体或者动物为对象的疾病诊断和治疗方法。

判断疾病的诊断方法时，应当关注两点：对象与直接目的。即判断该方法的对象是否为有生命的人体或动物体（包括离体样本），以及该方法的直接目的是否是为了获得疾病的诊断结果或健康状况。如果方法中包括了诊断全过程，即包括对检测结果进行分析、比较，以及得出诊断结果的过程，则该方法的直接目的是获得疾病的诊断结果或健康状况；如果方法中没有包括具体的诊断结果，但包括与正常值进行对照、比较的步骤，则该方法的直接目的是获得疾病的诊断结果或健康状况；虽然检测方法没有分析、比较等过程，如果根据该检测值可以直接得到疾病的诊断结果或健康状况，则其直接目的是获得疾病的诊断结果或健康状况；如果根据该检测或测量值不能直接得到疾病的诊断结果或健康状况，则该检测或测量值属于中间结果信息，该方法不属于疾病的诊断方法。

【例 2－10】

一种通过测定分析物的胃蛋白酶原 I、胃泌素和幽门螺杆菌感染标志物来诊断萎缩性胃炎的方法。

【分析】

该方法涉及一种离体样本检测方法，其直接目的是诊断该样本主体是否患有萎缩性胃炎，因此该方法属于疾病的诊断方法。

【例 2 -11】

一种测定唾液中酒精含量的方法，该方法通过检测被测人唾液中酒精含量，以反映出其血液中酒精含量。

【分析】

该方法涉及一种离体样本的检测方法，其直接目的是检测该样本主体的血液中的酒精含量，并不能最终确定患者是否是酒精中毒，即不是为了获得疾病的诊断结果，因此该方法不属于疾病的诊断方法。

【例 2 -12】

一种用于大肠癌诊断的肿瘤标记物 COX -2 的检测方法，在 RNA 分解酶抑制剂的存在下，在采集后，根据情况，将使用液氮立即冻结的生物学样品均质化，调制悬浊物，从得到的悬浊物中提取 RNA，将提取的 RNA 逆转录，得到 cDNA，扩增得到的 cDNA，检测扩增的 cDNA。

【分析】

该方法检测到的是肿瘤标记物 COX -2，该肿瘤标记物 COX -2 对大肠癌的诊断具有特异性，根据该检测值可筛查大肠癌患者，因此该方法属于疾病的诊断方法。

【例 2 -13】

一种血液中乙肝病毒的化学发光定性定量检测方法，其特征在于，通过乙型肝炎病毒表面抗原化学发光定性定量检测试剂盒检测乙型肝炎病毒表面抗原，通过乙型肝炎病毒表面抗体化学发光定性定量检测试剂盒检测乙型肝炎病毒表面抗体，根据上述表面抗原与表面抗体的检测结果，确定血液中乙肝病毒是否存在。

【分析】

该方法通过抗原抗体测定来检测血液中乙肝病毒的存在，根据该检测结果不能直接得到疾病的诊断结果或健康状况，该检测方法只能确定其主体的血液中是否存在乙肝病毒，而不能确定其主体是否为乙肝患者，因为血液中存在乙肝病毒反映出该血液主体为乙肝病毒携带者，但乙肝病毒携带者可为肝功能正常的乙肝病毒携带者和肝功能受损的乙肝病毒携带者。在肝功能正常的乙肝病毒携带者中，有些携带者的病毒检测结果可自然转阴，结束携带状态；有些携带者可以为持续终生的携带者；有些携带者可发展为肝炎。因此根据血液中乙肝病毒的存在不能直接判定其主体是否患有乙型肝炎或患有乙型肝炎的风险度，其直接目的不是诊断，该方法不属于疾病的诊断方法。

【例2-14】

一种检测患者患癌症风险的方法，包括如下步骤：①分离患者基因组样本；②检测是否存在异常序列基因，若存在则表明患者有患癌症的风险。

【分析】

该方法的直接目的是获得该样本主体患有癌症的风险度，是以获得同一主体的健康状况为直接目的的，因此该方法属于疾病的诊断方法。

【例2-15】

一种筛选新的抗癫痫药物的方法，包括：①用马桑内酯建立耐药性癫痫动物模型；②用耐药性癫痫动物模型评价潜在的抗癫痫药物。

【分析】

由于步骤②中包括给癫痫动物施用候选药物，以及评价该药物施用后癫痫病症是否得到改善，因此该方法既包括疾病的诊断方法，又包括疾病的治疗方法。

【例2-16】

防止晒黑的美容方法，该方法采用物理防晒剂，通过遮蔽或散射光线进行防晒。

【分析】

该方法以美化肤色为目的，不以治疗为目的，并且也不包括创伤性或介入性的处置过程，因此属于单纯的美容方法，不属于治疗方法。

（4）用于原子核变换的设备属于可授权客体。

用原子核变换方法所获得的物质，主要是指用加速器、反应堆以及其他核反应装置生产、制造的各种放射性同位素，这些同位素不能被授予发明专利权。但是这些同位素的用途以及使用的仪器、设备属于可被授予专利权的客体。

3.《专利审查指南》关于商业规则和方法的最新规定

（1）修改背景。

为全面贯彻党中央、国务院关于加强知识产权保护的决策部署，回应创新主体对进一步明确涉及人工智能等新业态新领域专利申请审查规则的需求，国家知识产权局开展了新业态新领域知识产权保护制度专题研究，在梳理问题和总结审查实践经验的基础上，及时启动了《专利审查指南》修改工作。此次修改细化了相关领域专利申请的审查规则、澄清了审查实践中的很多疑难问题，力图实现进一步提高专利审查质量和效率、支撑创新驱动发展的目标。

（2）修改内容。

2020年修改的《专利审查指南》第二部分第九章第6节对商业规则和方法进行了规定，下设6.1、6.2和6.3小节，分别为“审查基准”“审查示例”以及“说明书及权利要求书的撰写”。本次修改结合具体示例，对此类申请的授权客体、新颖性和创造性、说明书和权利要求书撰写方面进行了明确规定。

修改的6.2小节从正反两方面增加了10个关于授权客体和创造性的审查示例。例1～例6为判断是否属于授权客体的审查示例。例1是一种抽象的数学模型建立方法，属于《专利法》第二十五条第一款第（二）项规定的智力活动的规则和方法。例2、例3和例4属于人工智能、商业模式和区块链领域的可授权客体，例5和例6则属于反面举例。例7～例10为保护方案属于授权客体的情况下判断其是否具备创造性的审查示例。例7和例9是具备创造性的示例，例8和例10是不具备创造性的示例。6.2小节审查示例是对6.1小节审查原则的进一步诠释，在理解这些示例时应当着重体会其所体现的审查理念和法律原则，而不应简单机械地套用。

总体而言，本次修改是在现行《专利法》及《专利法实施细则》框架下，对人工智能等新业态新领域专利申请的审查规则作出的细化规定，旨在及时响应创新主体需求，并解决审查实践中的问题。一方面，将审查实践中探索的有益做法上升到《专利审查指南》中，统一审查标准，同时给出如何更好地撰写这类申请的明确指引，促进专利申请质量提升；另一方面，明确规定了应当结合这类申请的特点，整体考虑技术特征以及算法或商业规则和方法等智力活动的规则和方法特征，正确把握发明的技术贡献，以不断提高专利审查质量和审查效率，助推新兴技术和新业态新模式的进一步发展壮大。

六、优先权

1. 法条含义

《专利法》第二十九条规定，申请人自发明或者实用新型在外国第一次提出专利申请之日起十二个月内，或者自外观设计在外国第一次提出专利申请之日起六个月内，又在中国就相同主题提出专利申请的，依照该外国同中国签订的协议或者共同参加的国际条约，或者依照相互承认优先权的原则，可以享有优先权。

申请人自发明或者实用新型在中国第一次提出专利申请之日起十二个月内，或者自外观设计在中国第一次提出专利申请之日起六个月内，又向国务院专利行政部门就相同主题提出专利申请的，可以享有优先权。

《专利法》第三十条的规定，申请人要求发明、实用新型专利优先权的，应当在申请的时候提出书面声明，并且在第一次提出申请之日起十六个月内，提交第一次提出的专利申请文件的副本。

申请人要求外观设计专利优先权的，应当在申请的时候提出书面声明，并且在三个月内提交第一次提出的专利申请文件的副本。

申请人未提出书面声明或者逾期未提交专利申请文件副本的，视为未要求优先权。

其中，《专利法》第二十九条第一款的规定，称为外国优先权。

《专利法》第二十九条第二款的规定，称为本国优先权。

2. 优先权核实原则

一般来说，核实优先权是指核查申请人要求的优先权是否能依照《专利法》第二十九条的规定成立。为此，需要核实以下内容。

（1）作为要求优先权的基础的在先申请是否涉及与要求优先权的在后申请相同的主题。

（2）该在先申请是否是记载了同一主题的首次申请。

（3）在后申请的申请日是否在在先申请的申请日起十二个月内。

在对第（1）项进行核实时，应当判断在后申请中各项权利要求所述的技术方案是否清楚地记载在上述在先申请的文件（说明书和权利要求书，不包括摘要）中，应当把在先申请作为一个整体进行分析研究，只要在先申请文件清楚地记载了在后申请权利要求所述的技术方案，就应当认定该在先申请与在后申请涉及相同的主题。

如果一件具有单一性的专利申请要求了多项优先权，审查员在核实优先权时，应当检查该申请的权利要求书中所反映的各种技术方案，是否分别在作为优先权基础的多件外国或者本国的专利申请中已有清楚的记载，分别判断各个权利要求书中所反映的各种技术方案是否享有其要求的优先权。

3. 外国优先权

享有外国优先权的专利申请应当满足以下条件。

（1）申请人就相同主题的发明创造在外国第一次提出专利申请（以下简称外国首次申请）后又在中国提出专利申请（以下简称中国在后申请）。

（2）就发明和实用新型而言，中国在后申请之日不得迟于外国首次申请之日起十二个月。

（3）申请人提出首次申请的国家或政府间组织应当是同中国签有协议或者共同参加国际条约，或者相互承认优先权原则的国家或政府间组织。

享有外国优先权的发明创造与外国首次申请审批的最终结果无关，只要该首次申请在有关国家或政府间组织中获得了确定的申请日，就可作为要求外国优先权的基础。

4. 本国优先权

享有本国优先权的专利申请应当满足以下条件。

（1）只适用于发明或者实用新型专利申请。

（2）申请人就相同主题的发明或者实用新型在中国第一次提出专利申请（以下简称中国首次申请）后又向专利局提出专利申请（以下简称中国在后申请）。

（3）中国在后申请之日不得迟于中国首次申请之日起十二个月。被要求优先权的中国在先申请的主题有下列情形之一的，不得作为要求本国优先权的基础。

①已经要求外国优先权或者本国优先权的，但要求过外国优先权或者本国优先权而未享有优先权的除外。

②已经被授予专利权的。

③属于按照2010年修订的《专利法实施细则》第四十二条规定提出的分案申请。

应当注意，当申请人要求本国优先权时，作为本国优先权基础的中国首次申请，自中国在后申请提出之日起即被视为撤回①。

七、保密审查

《专利法》第十九条规定："任何单位或者个人将在中国完成的发明或者实用新型向外国申请专利的，应当事先报经国务院专利行政部门进行保密审查。保密审查的程序、期限等按照国务院的规定执行。

中国单位或者个人可以根据中华人民共和国参加的有关国际条约提出专利国际申请。申请人提出专利国际申请的，应当遵守前款规定。

国务院专利行政部门依照中华人民共和国参加的有关国际条约、本法和国务院有关规定处理专利国际申请。

对违反本条第一款规定向外国申请专利的发明或者实用新型，在中国申请专利的，不授予专利权。"

1. 保密审查请求的方式

提出向外国申请专利前的保密审查请求有下列三种方式。

（1）以技术方案形式单独提出保密审查请求。以该种方式提出请求的，申请人应当提交向外国申请专利保密审查请求书和技术方案说明书，并采用书面形式将文件当面交到专利局的受理窗口或寄交至"国家知识产权局专利局受理处"。

（2）申请中国专利的同时或之后提出保密审查请求。以该种方式提出请求的，申请人应当提交向外国申请专利保密审查请求书。

① 常明. 专利申请实务［M］. 上海：学林出版社，2001：23－31.

（3）向专利局提交专利国际申请的，视为同时提出了保密审查请求，不需要单独提交向外国申请专利保密审查请求书①。

根据《专利法》第四条的规定，涉及国家安全或者重大利益的发明创造，需要按照有关规定申请保密专利。一般而言，涉及国防利益的发明创造主要是指国防专用或者对国防有重大价值的发明创造；涉及国防利益以外的国家安全或者重大利益的发明创造是指涉及国防利益以外的，公开后会影响国家的防御能力，损害国家的政治、经济利益或削弱国家的经济、科技实力的发明创造。申请保密专利的发明创造不包括外观设计。

保密审查员对确定需要保密的专利申请案卷做出保密标记，在对该专利申请作出解密决定之前，对其进行保密管理。保密专利申请的初步审查和实质审查均由国家知识产权局专利局指定的审查员进行。

对于发明专利申请，初步审查和实质审查按照与一般发明专利申请相同的基准进行。初步审查合格的保密专利申请不予公布，实质审查请求符合规定的，直接进入实质审查程序。经实质审查没有发现驳回理由的，作出授予保密发明专利权通知的决定，并发出授予发明专利权通知书和办理登记手续通知书。

对于实用新型专利申请，初步审查按照与一般实用新型专利申请相同的基准进行。经初步审查没有发现驳回理由的，作出授予保密实用新型专利权的决定，并发出授予实用新型专利权通知书和办理登记手续通知书。

2. 保密专利的申请和审批程序

根据2010年修订的《专利法实施细则》第七条的规定，专利申请涉及国防利益需要保密的，由国防专利机构受理并进行审查；国务院专利行政部门受理的专利申请涉及国防利益需要保密的，应当及时移交国防专利机构进行审查。经国防专利机构审查没有发现驳回理由的，由国务院专利行政部门作出授予国防专利权的决定。

国务院专利行政部门认为其受理的发明或者实用新型专利申请涉及国

① 尹新天. 中国《专利法》详解［M］. 缩编版. 北京：知识产权出版社，2012：164－168.

防利益以外的国家安全或者重大利益需要保密的，应当及时作出按照保密专利申请处理的决定，并通知申请人。保密专利申请的审查、复审以及保密专利权无效宣告的特殊程序，由国务院专利行政部门规定。

除上述情况外，国务院专利行政部门受理发明专利申请后，应当将需要进行保密审查的申请转送国务院有关主管部门进行审查。有关主管部门应当自收到该审查申请之日起的四个月内，将其审查的结果通知国务院专利行政部门。需要保密的，由国务院专利行政部门按照保密专利申请处理，并通知申请人。

对保密专利申请，经国防专利机构审查认为符合《专利法》规定的，国家知识产权局应当作出授权决定，发给专利证书。对保密专利申请，授权公告仅公布专利分类号、专利号、专利申请日和颁证日。

保密专利不是无限期的。申请人可以提出解密请求，国家知识产权局也定期对保密专利进行复查。经审查认为失去保密价值的，予以解密。已经授权的保密专利，作出解密决定之后，公告该专利的内容。解密之后的专利在剩余的《专利法》保护期限内，与普通专利权一样受《专利法》保护，任何人不得侵犯。

需要注意，在保密的发明专利申请或者发明专利权的保密期间内，发明人或者其所在单位不得就有关发明向外国申请专利。

八、单一性原则

1. 总的发明构思

单一性，是指一件发明或者实用新型专利申请应当限于一项发明或者实用新型，属于一个总的发明构思的两项以上发明或者实用新型，可以作为一件申请提出。也就是说，如果一件申请包括几项发明或者实用新型，则只有在所有这几项发明或者实用新型之间有一个总的发明构思使之相互关联的情况下才被允许。这是专利申请的单一性要求。

《专利法》第三十一条规定，一件发明或者实用新型专利申请应当限于一项发明或者实用新型。属于一个总的发明构思的两项以上的发明或者实用新型，可以作为一件申请提出。一件外观设计专利申请应当限于一项外观设计。同一产品两项以上的相似外观设计，或者用于同一类别并且成套出售或者使用的产品的两项以上外观设计，可以作为一件申请提出。

专利申请应当符合单一性要求的主要原因如下。

（1）经济上的原因：为了防止申请人只支付一件专利的费用而获得几项不同发明或者实用新型专利的保护。

（2）技术上的原因：为了便于专利申请的分类、检索和审查。缺乏单一性不影响专利的有效性，因此缺乏单一性不应当作为专利无效的理由。

按照单一性原则的要求，对于发明或者实用新型专利申请而言，应当仅限于一项发明或者实用新型，但属于一个总的发明构思的两项以上的发明或者实用新型，可以作为一件申请提出，例如锁与钥匙、插头与插座、药品与其制造方法等；对于外观设计专利申请而言，应当限于一种产品所使用的外观设计，但用于同一类别并且成套出售或者使用的产品的两项以上的外观设计，可以作为一件申请提出，例如茶壶与茶杯、桌布与餐巾等。

应当认识到，可以作为一件专利申请提出的属于一个总的发明构思的两项以上的发明或者实用新型，应当在技术上相互关联，包含一个或者多个相同或者相应的特定技术特征，其中特定技术特征是指每一项发明或者实用新型作为整体，对现有技术作出贡献的技术特征。《专利法》所称的“属于一个总的发明构思”是指具有相同或者相应的特定技术特征。例如，无线电发射机和接收机同属于无线电通信领域，都是为远距离传递信息而设计的，用于分别实现特定频段信号的发射与接收，它们具有相应的特定技术特征，并各自对现有技术作出了贡献，因此将这两项发明合案申请符合单一性要求。

发明和实用新型专利申请是否符合单一性的要求，应当根据权利要求所要求保护的技术方案来进行判断。如果两项权利要求的技术方案不属于一个总的发明构思，也就是不包含一个或者多个相同或者相应的对现有技术作出贡献的特定技术特征，则不符合单一性的规定。一般说来，如果在说明书中记载了不属于总的发明构思的两项发明或者实用新型，然而权利要求书仅仅要求保护其中一项发明或者实用新型，则不存在不符合单一性规定的问题。

两项以上用于同一类别并且成套出售或者使用的产品上的外观设计，可以作为一件申请提出。其中“同一类别”是指属于国际外观设计分类表中的同一小类，而“同一类别的产品”是指国际外观设计分类表中规定的产品。如果产品不属于“同一类别的产品”，即使外观设计相同，也不能合案提出申请。“成套出售或者使用”是指各产品的设计构思相同，并且习惯上会同时出售、同时使用。不符合这一要求的外观设计，也不能合案提出申请。

国家知识产权局在审查过程中认为一份专利申请不符合单一性要求时，将通知申请人在指定期限内对其申请进行修改。申请人期满不答复的，其申请将被视为撤回；经答复或者修改仍然不符合单一性要求的，其申请将被驳回。这里所说的修改是指对一份专利申请中要求保护的发明创造的数量进行限制，例如删除其中一项或多项权利要求，或者删除一幅或多幅图片、照片等①。

2. 分案申请

《专利法》规定申请人可以针对因不符合单一性而删除的发明创造另行提出一份专利申请，也就是所谓“分案申请”。分案申请可以保留原申请日，原申请享有优先权的，分案申请可以保留优先权日，这样就保证了专利申请人的正当利益不至于受到损害。除了根据国家知识产权局审查通知书的要求提出分案申请之外，申请人也可以主动提出分案申请。申请人主动提出分案申请的截止时间是收到国家知识产权局发出的授予专利权通知之日起的两个月内。

提出分案申请有两项限制：第一，不得改变原申请的类别，即不能从发明专利申请中分案提出一份实用新型专利申请，而只能提出一份发明专利申请；实用新型专利申请的分案申请也只能是实用新型专利申请；外观设计专利申请不能在分案时改为申请发明或者实用新型专利。不同保护类别的分案申请将作为新申请处理。第二，分案申请的内容不得超出原申请公开的范围，否则国家知识产权局应当要求申请人进行修改。如果申请人

① 中华人民共和国国家知识产权局．专利审查指南2010：2019年修订［M］．北京：知识产权出版社，2020：191－204．

不修改，国家知识产权局将驳回该分案申请。

3.《专利审查指南》关于分案申请的最新规定

国家知识产权局于2020年对《专利审查指南》作出修改。其中，《专利审查指南》第一部分第一章第5.1.1节第（3）项第5段规定：

“但是，因审查员发出分案通知书或审查意见通知书中指出分案申请存在单一性的缺陷，申请人按照审查员的审查意见再次提出分案申请的，再次提出分案申请的递交时间应当以该存在单一性缺陷的分案申请为基础审核。不符合规定的，不得以该分案申请为基础进行分案，审查员应当发出分案申请视为未提出通知书，并作结案处理。”

《专利审查指南》第一部分第一章第5.1.1节第（4）项规定：

“分案申请的申请人应当与提出分案申请时原申请的申请人相同。针对分案申请提出再次分案申请的申请人应当与该分案申请的申请人相同。不符合规定的，审查员应当发出分案申请视为未提出通知书。

分案申请的发明人应当是原申请的发明人或者是其中的部分成员。针对分案申请提出的再次分案申请的发明人应当是该分案申请的发明人或者是其中的部分成员。对于不符合规定的，审查员应当发出补正通知书，通知申请人补正。期满未补正的，审查员应当发出视为撤回通知书。”

现行《专利审查指南》规定申请人需要针对分案申请再次提出分案申请的，再次提出的分案申请的递交时间仍应当根据原申请审核，但是因分案申请存在单一性的缺陷，申请人按照审查员的审查意见再次提出分案申请的情况除外。这一“除外”情形是考虑到再次提出分案申请时原申请可能已授权或已失效，在审查员指出分案申请存在单一性缺陷的情况下，为维护申请人的权益，再次分案的递交日不再根据原申请审核。但是由于此处的“除外”未具体明确再次分案申请递交时间的审查标准，实践中对此产生了两种不同的理解，一种观点认为只需要提交审查员发出的指明了单一性缺陷的审查意见通知书或者分案通知书的复印件，而不需要审核针对的分案申请的状态；另一种观点认为不仅需要提交相关复印件，还需要审核针对的分案申请的状态，这也造成了审查标准执行不一致的情形。2010年修订的《专利法实施细则》第四十二条第一款规定，“一件专利申请包括两项以上发明、实用新型或者外观设计的，申请人可以在本细则第五十四条第一款规定的期限届满前，向国务院专利行政部门提出分案申请；但是，专利申请已经被驳回、撤回或视为撤回的，不能提出分案申请。”这一规定无论是分案申请，还是针对分案申请再次提出分案申请都应该遵守。因此为了进一步明确审查标准，统一认识，消除分歧，此次修改明确了“再次提出分案申请的递交时间应当以该存在单一性缺陷的分案申请为基础审核。不符合规定的，不得以该分案申请为基础进行分案”。此外，为了贯彻落实国务院“放管服”决策部署，此次修改进一步简化了再次提出分案申请的手续，取消了提交审查员发出的指明了单一性缺陷的审查意见通知书或者分案通知书的复印件的规定，进一步简化了再次提出分案申请的手续，减轻了申请人提交相关文件的负担。

现行《专利审查指南》中规定分案申请的申请人应当与原申请的申请人相同，不相同的，应当提交有关申请人变更的证明材料。而实际操作中，分案申请人会提交由双方签字的转让证明，来完成分案申请权的转移，而并不按照一般权利转移的规定提交“著录项目变更申报书”。因此在审查证明文件之后，如无其他缺陷，审查员直接向分案申请的申请人发出发明专利申请初步审查合格通知书，而不再向原申请的申请人发出任何通知。这样会导致原申请的申请人无法获知其分案申请的情况，给予伪造分案申请可乘之机，极大地损害了申请人的利益。因此，此次修改明确只能由原申请的申请人提交分案申请，而当需要变更申请人时，则必须办理著录项目变更手续，从而有效地保障申请人的利益。

第二节　专利申请的主要要求

一、说明书应当清楚、完整

《专利法》第二十六条第三款规定，说明书应当对发明或者实用新型作出清楚、完整的说明，以所属技术领域的技术人员能够实现为准；必要的时候，应当有附图。摘要应当简要说明发明或者实用新型的技术要点。

说明书对发明或者实用新型作出的清楚、完整的说明，应当达到所属技术领域的技术人员能够实现的程度。也就是说，说明书应当满足充分公开发明或者实用新型的要求。说明书及附图主要用于清楚、完整地描述发明或者实用新型，使所属技术领域的技术人员能够理解和实施该发明或者实用新型。这是撰写发明和实用新型专利说明书的最为重要的要求。作为获得国家授予的独占权的前提条件，申请人必须向社会公众充分公开其发明创造的内容，这样才能实现《专利法》第一条规定的有利于发明创造的推广利用、促进科学技术进步和创新的立法宗旨。

所谓“清楚”，是指说明书的内容应当清楚，具体要求包括以下几点。

第一，内容明确。说明书应当从现有技术出发，明确地写明发明或者实用新型所要解决的技术问题、为解决该技术问题所采用的技术方案以及该技术方案所能达到的技术效果，使所属技术领域的技术人员能够准确地理解其发明或者实用新型。

第二，用词准确。说明书应当使用发明或者实用新型所属领域的技术用语来描述，准确地表达发明或者实用新型的内容。对于国家有统一规定的科技术语，应当使用规范词；科技术语没有统一中文译文的，应当注明原文。使用新词语或外来语时，应当保证其含义对所属领域的技术人员来说是清楚的。说明书的内容涉及计量单位时，应当使用国家法定计量单位。

所谓“完整”，是指说明书应当包括《专利法》及《专利法实施细则》所要求的各项内容，不能遗漏理解和实施发明或者实用新型所需的任何技术内容。一份完整的说明书应当包括有助于理解发明和实用新型的不可缺少的内容，评判发明或者实用新型专利性所需的内容以及再现发明或者实用新型所需的内容。由于符合授权条件的发明或者实用新型必须含有现有技术中没有披露的内容，为了保证公众能够实施发明创造，要求凡是所属领域的技术人员不能从现有技术中直接得到的内容，均应当在说明书中作出清楚、明确的描述。

说明书的内容应当清楚，具体应满足下述要求。

（1）主题明确。说明书应当从现有技术出发，明确地反映出发明或者实用新型想要做什么和如何去做，使所属技术领域的技术人员能够确切地理解该发明或者实用新型要求保护的主题。换句话说，说明书应当写明发明或者实用新型所要解决的技术问题以及解决其技术问题采用的技术方案，并对照现有技术写明发明或者实用新型的有益效果。上述技术问题、技术方案和有益效果应当相互适应，不得出现相互矛盾或不相关联的情形。

（2）表述准确。说明书应当使用发明或者实用新型所属技术领域的技术术语。说明书的表述应当准确地表达发明或者实用新型的技术内容，不得含糊不清或者模棱两可，以致所属技术领域的技术人员不能清楚、正确地理解该发明或者实用新型。

完整的说明书应当包括有关理解、实现发明或者实用新型所需的全部技术内容。一份完整的说明书应当包含下列各项内容。

（1）帮助理解发明或者实用新型不可缺少的内容。例如，有关所属技术领域、背景技术状况的描述以及说明书有附图时的附图说明等。

（2）确定发明或者实用新型具有新颖性、创造性和实用性所需的内容。例如，发明或者实用新型所要解决的技术问题，解决其技术问题采用的技术方案和发明或者实用新型的有益效果。

（3）实现发明或者实用新型所需的内容。例如，为解决发明或者实用新型的技术问题而采用的技术方案的具体实施方式。

对于克服了技术偏见的发明或者实用新型，说明书中还应当解释为什么该发明或者实用新型克服了技术偏见，新的技术方案与技术偏见之间的差别以及为克服技术偏见所采用的技术手段。

应当指出，凡是所属技术领域的技术人员不能从现有技术中直接、唯一地得出的有关内容，均应当在说明书中予以描述①。

二、说明书应当能够实现

1. 法条含义

所属技术领域的技术人员能够实现，是指所属技术领域的技术人员按

① 中华人民共和国国家知识产权局．专利审查指南2010：2019年修订［M］．北京：知识产权出版社，2020：132－133.

照说明书记载的内容，能够实现该发明或者实用新型的技术方案，解决其技术问题，并且产生预期的技术效果。

说明书应当清楚地记载发明或者实用新型的技术方案，详细地描述实现发明或者实用新型的具体实施方式，完整地公开对于理解和实现发明或者实用新型必不可少的技术内容，达到所属技术领域的技术人员能够实现该发明或者实用新型的程度。审查员如果有合理的理由质疑发明或者实用新型没有达到充分公开的要求，则应当要求申请人予以澄清。

由于缺乏解决技术问题的技术手段而被认为无法实现的情况有以下几种。

（1）说明书中只给出任务和/或设想，或者只表明一种愿望和/或结果，而未给出任何使所属技术领域的技术人员能够实施的技术手段。

（2）说明书中给出了技术手段，但对所属技术领域的技术人员来说，该手段是含糊不清的，根据说明书记载的内容无法具体实施。

（3）说明书中给出了技术手段，但所属技术领域的技术人员采用该手段并不能解决发明或者实用新型所要解决的技术问题。

（4）申请的主题为由多个技术手段构成的技术方案，对于其中一个技术手段，所属技术领域的技术人员按照说明书记载的内容并不能实现。

（5）说明书中给出了具体的技术方案，但未给出实验证据，而该方案又必须依赖实验结果加以证实才能成立。例如，对于已知化合物的新用途发明，通常情况下，需要在说明书中给出实验证据来证实其所述的用途以及效果，否则将无法达到能够实现的要求[①]。

2. 案例剖析

当审查员根据说明书记载的内容，认为有合理的理由质疑说明书没有充分公开请求保护的技术方案时，应当提出审查意见，要求申请人予以澄清。

在下列情况下，应当认为说明书没有充分公开。

（1）说明书中只给出任务和/或设想，或者只表明一种愿望和/或结

① 中华人民共和国国家知识产权局．专利审查指南 2010：2019 年修订［M］．北京：知识产权出版社，2020：133－134．

果，而未给出任何使所属技术领域的技术人员能够实施的技术手段。

【例2-17】

某案请求保护的发明是一种使用交流电的点烟器，其无须将交流电转换为直流电，而是直接使用交流电驱动点烟器。说明书中只记载了该点烟器可使用交流电，而没有记载该点烟器的具体结构。

【分析】

现有技术中的点烟器都采用直流电源来驱动，所属技术领域的技术人员按照说明书的内容无从知道采用交流电的点烟器的结构，进而不能制造出该点烟器，实际上，该申请仅仅提出了一种设想，并未给出实现其设想的技术手段。

（2）说明书中给出了技术手段，但对所属技术领域的技术人员来说，该手段是含糊不清的，根据说明书记载的内容无法具体实施。

【例2-18】

某案请求保护的发明是一种固体燃料，其由石蜡、锯末、助燃剂1号等成分组成。说明书中未记载所述助燃剂1号的具体成分或来源。

【分析】

说明书中对“助燃剂1号”的说明是含糊不清的，同时“助燃剂1号”也不是所属技术领域公知的材料，因此所属技术领域的技术人员根据说明书记载的内容不能实施该发明。

（3）说明书中给出了技术手段，但所属技术领域的技术人员采用该手段并不能解决发明所要解决的技术问题。

【例2-19】

某案请求保护的发明是一种生态杀虫剂，其包含下列主要组分（以重量计）：维生素1~2份；氨基酸6~18份；有机酸1~15份；寡糖4~6份；蛋白质0.5~8份；稀土1~2份。

【分析】

该案说明书中给出了该生态杀虫剂的组成及其配比，在实施例部分也列举了各种具体配方，说明了该农药施用的对象、所要防治的病虫害、使用的方法以及施用的时间，但是却未给出任何实验数据来证明该杀虫剂确实具有杀虫效果。由于上述杀虫剂中的各组分通常都不具有杀虫效果，这在农药领域是公知常识，因此由这些通常不具有杀虫效果的组分构成的杀虫剂是否具有杀虫作用是不可预期的，必须依赖实验结果才能证实，而该案说明书中恰恰没有记载相关实验数据，因此请求保护的技术方案本身不能成立，即发明公开不充分。

【例 2 -20】

本发明的目的在于采用多元能增力式风光磁发电机组获得一级增能，采用压缩空气储能和采用蒸汽增压器获得二级增能，这种两级增能的方式降低了成本，实现了能源持续做功且可增力可储能的效果，是可再生能源得以更好综合利用的新方法。本发明使各种可再生能源得到充分利用和保护，使我国的环保、节能、减排、低碳工作获得跨越式发展。

【分析】

判断说明书是否公开充分时，不仅需要审查说明书的公开技术内容，也应关注权利要求书所要求保护的技术方案。说明书应当对发明或者实用新型作出清楚、完整的说明，这里所述的“发明或者实用新型”是指权利要求书要求保护的技术方案，对于权利要求书中未要求保护的技术方案，即使说明书说明的不完整或不清楚，也不属于不符合《专利法》第二十六条第三款规定的情形。

本申请权利要求 1 要求保护一种储能式多元能增力型风光磁发电站，实现储能式多元能增力，本领域技术人员根据权利要求书和说明书公开的内容，能够利用风车进行发电，利用光磁能量通过助力电动机进行风车辅助发电，实现一级增力，同时，利用空气压缩机将电能储存在储气库中，并通过蒸汽增压器进行输出发电，实现二级增力；储气库和蓄电池对多余的风光磁能进行储存，实现能量储存；说明书中记载的与权利要求书对应的技术方案已经能够实现储能式多元能增力的技术效果，达到节能、减排、环保、低碳的目的。对于权利要求书中未提及而在说明书中提及的实现增能的技术方案，即使说明书中存在不完整或不清楚的情况，也不属于不符合《专利法》第二十六条第三款规定的情形。

三、新颖性

1. 法条含义

根据《专利法》第二十二条第一款的规定，授予专利权的发明和实用新型应当具备新颖性、创造性和实用性。因此，申请专利的发明和实用新型具备新颖性是授予其专利权的必要条件之一。

《专利法》第二十二条第二款规定：新颖性，是指该发明或者实用新型不属于现有技术；也没有任何单位或者个人就同样的发明或者实用新型在申请日以前向国务院专利行政部门提出过申请，并记载在申请日以后公布的专利申请文件或者公告的专利文件中。

（1）现有技术。

根据《专利法》第二十二条第五款的规定，现有技术是指申请日以前在国内外为公众所知的技术。现有技术包括在申请日（有优先权的，指优先权日）以前在国内外出版物上公开发表、在国内外公开使用或者以其他方式为公众所知的技术。

现有技术应当是在申请日以前公众能够得知的技术内容。换句话说，现有技术应当在申请日以前处于能够为公众获得的状态，并包含有能够使公众从中得知实质性技术知识的内容。

应当注意，处于保密状态的技术内容不属于现有技术。所谓保密状态，不仅包括受保密规定或协议约束的情形，还包括社会观念或者商业习惯上被认为应当承担保密义务的情形，即默契保密的情形。

然而，如果负有保密义务的人违反规定、协议或者默契泄露秘密，导致技术内容公开，使公众能够得知这些技术，这些技术也就构成了现有技术的一部分。

现有技术的时间界限是申请日，享有优先权的，则指优先权日。广义上说，申请日以前公开的技术内容都属于现有技术，但申请日当天公开的技术内容不包括在现有技术范围内。

现有技术公开方式包括出版物公开、使用公开和以其他方式公开三种，均无地域限制[1]。

（2）抵触申请。

根据《专利法》第二十二条第二款的规定，在发明或者实用新型新颖性的判断中，若有任何单位或者个人就同样的发明或者实用新型在申请日以前向国务院专利行政部门提出过申请并记载在申请日以后公布的专利申请文件或者公告的专利文件中，则该申请日提出的专利申请的新颖性受到损害。为描述简便，在判断新颖性时，将这种损害新颖性的专利申请，称为抵触申请。

审查员在检索时应当注意，确定是否存在抵触申请，不仅要查阅在先专利或专利申请的权利要求书，而且要查阅其说明书（包括附图），应当以其全文内容为准。

抵触申请还包括满足以下条件、进入中国国家阶段的国际专利申请，即申请日以前由任何单位或者个人提出、在申请日之后（含申请日）由专利局作出公布或公告且为同样的发明或者实用新型的国际专利申请。

另外，抵触申请仅指在申请日以前提出的，不包含在申请日提出的同样的发明或者实用新型专利申请。

（3）不丧失新颖性的宽限期。

《专利法》第二十四条规定："申请专利的发明创造在申请日以前六个月内，有下列情形之一的，不丧失新颖性：

（一）在国家出现紧急状态或者非常情况时，为公共利益目的首次公开的；

（二）在中国政府主办或者承认的国际展览会上首次展出的；

（三）在规定的学术会议或者技术会议上首次发表的；

（四）他人未经申请人同意而泄露其内容的。"

申请专利的发明创造在申请日以前六个月内，发生《专利法》第二十四条规定的相关情形之一的，该申请不丧失新颖性。即这几种情况不构成影响该申请的现有技术。所说的六个月期限，称为宽限期。

---

① 中华人民共和国国家知识产权局．专利审查指南 2010：2019 年修订［M］．北京：知识产权出版社，2020：155－156.

宽限期和优先权的效力是不同的。它仅仅是把申请人（包括发明人）的某些公开，或者第三人从申请人或发明人那里以合法手段或者不合法手段得来的发明创造的某些公开，认为是不损害该专利申请新颖性和创造性的公开。实际上，发明创造公开以后已经成为现有技术，只是这种公开在一定期限内对申请人的专利申请来说不视为影响其新颖性和创造性的现有技术，并不是把发明创造的公开日看作是专利申请的申请日。所以，从公开之日至提出申请的期间，如果第三人独立地作出了同样的发明创造，而且在申请人提出专利申请以前提出了专利申请，那么根据先申请原则，申请人就不能取得专利权。当然，由于申请人（包括发明人）的公开，使该发明创造成为现有技术，故第三人的申请没有新颖性，也不能取得专利权。

专利申请发生《专利法》第二十四条规定的任何一种情形之日起六个月内，申请人提出申请之前，发明创造再次被公开的，只要该公开不属于上述四种情况，则该申请将由于此在后公开而丧失新颖性。再次公开属于上述四种情况的，该申请不会因此而丧失新颖性，但是，宽限期自发明创造的第一次公开之日起计算。

专利申请有《专利法》第二十四条第（四）项所说情形的，专利局在必要时可以要求申请人提出证明文件，证实其发生所说情形的日期及实质内容。

申请人未按照《专利法实施细则》第三十条第三款的规定提出声明和提交证明文件的，或者未按照《专利法实施细则》第三十条第四款的规定在指定期限内提交证明文件的，其申请不能享受《专利法》第二十四条规定的新颖性宽限期。对《专利法》第二十四条的适用发生争议时，主张该规定效力的一方有责任举证或者作出使人信服的说明。

2. 案例剖析

【例 2－21】

权利要求：一种触发器，在钟控脉冲信号为 0 时维持该触发器的状态，而在该钟控脉冲信号为 1 时改变该触发器的状态。

对比文件：一种触发器，在钟控脉冲信号从 0 变到 1 的上跳沿时刻改变触发器的状态。

【分析】

该权利要求与对比文件相比，虽然其构成都是触发器，但权利要求的触发器在钟控信号为1时发生改变，即使钟控信号连续为1而不发生跳变时，其触发状态仍会改变，而对比文件中的触发器仅在0变到1的上跳沿时刻改变，也就是钟控信号发生特定变化时，其触发状态才会改变。触发状态改变的方式表明，权利要求所述的触发器可以是钟控R－S触发器，而对比文件中的可以是维持－阻塞触发器，两者具有不同的结构，因此该权利要求具备新颖性。

【例2－22】

权利要求1：一种制造装饰板的方法，首先准备一个大尺寸的基材坯料，然后于基材坯料的上表面贴附装饰层，得到装饰板坯料，最后，将该装饰板坯料切割成需要的尺寸。

权利要求2：根据权利要求1的方法制造的装饰板。

对比文件公开了一种装饰板，其是在符合尺寸要求的基材上贴附装饰层制造而成的。

【分析】

权利要求2请求保护由权利要求1的制造方法限定的装饰板，其结构是装饰板包括一个基材和一个贴附于基材表面的装饰层，其中的方法特征“首先准备一个大尺寸的基材坯料”“最后，将该装饰板坯料切割成需要的尺寸”只是为了提高生产效率而采取的技术手段，与对比文件相比，最终装饰板的结构并无区别。因此，权利要求2的装饰板已经被对比文件公开，不具备新颖性。

【例2－23】

权利要求：一种碳—碳零件，包括含有许多不连续长纤维的复合基材和沉积在长纤维上的碳原子，其特征在于，首先用黏结剂将长纤维黏结在一起而形成复合基材，然后在预定温度下沉积碳原子，从而使黏结剂被完全从基材中除掉并被所述碳原子取代，形成致密的碳—碳零件。

对比文件公开了一种碳—碳复合材料制动盘，其含有的基材是由不同长度的碳或石墨长纤维的混合物形成的，所述碳或石墨纤维由沥青、焦油或聚丙烯腈的前体制得，并且通过化学气相沉积法在基材上沉积碳。

【分析】

该权利要求请求保护一种碳—碳零件，并用制备方法对该零件进行了限定，但该碳—碳零件仍然包括含有不连续长纤维的基材和沉积在长纤维上的碳原子。而对比文件公开的碳—碳复合材料制动盘也是一种碳—碳零件，并且也包括含不连续长纤维的基材和沉积在长纤维上的碳原子。从该申请公开的内容看，没有证据表明权利要求中包括的制备方法特征能给该产品本身带来区别于对比文件的碳—碳复合材料制动盘的结构和/或组成上的任何改变，也就是说，这两种产品是相同的，因此该权利要求相对于对比文件不具备新颖性。

四、创造性

1. 法条含义

发明的创造性，是指与现有技术相比，该发明有突出的实质性特点和显著的进步。

发明有突出的实质性特点，是指对所属技术领域的技术人员来说，发明相对于现有技术是非显而易见的。如果发明是所属技术领域的技术人员在现有技术的基础上仅仅通过合乎逻辑的分析、推理或者有限的试验可以得到的，则该发明是显而易见的，也就不具备突出的实质性特点。

发明有显著的进步，是指发明与现有技术相比能够产生有益的技术效果。例如，发明克服了现有技术中存在的缺点和不足，或者为解决某一技术问题提供了一种不同构思的技术方案，或者代表某种新的技术发展趋势。

2. 所属技术领域的技术人员

发明是否具备创造性，应当基于所属技术领域的技术人员的知识和能力进行评价。所属技术领域的技术人员，也可称为本领域的技术人员，是指一种假设的“人”，假定他知晓申请日或者优先权日之前发明所属技术领域所有的普通技术知识，能够获知该领域中所有的现有技术，并且具有应用该日期之前常规实验手段的能力，但他不具有创造能力。如果所要解决的技术问题能够促使本领域的技术人员在其他技术领域寻找技术手段，他也应具有从该其他技术领域中获知该申请日或优先权日之前的相关现有技术、普通技术知识和常规实验手段的能力。设定这一概念的目的，在于统一审查标准，尽量避免审查员主观因素的影响[①]。

3. 案例剖析

【例 2－24】

发明要求保护一种生产 IC 卡的方法，包括如下步骤：①在该 IC 卡基体上依次形成标记层和透明的光变层；②用激光穿过光变层而在所述标记层上作防伪标记；其中，该光变层由具有光变效果的材料制成，并且不会因激光照射而改变。

根据说明书记载，光变效果是指在不同观看角度下可产生不同的视觉效果。对比文件 1 公开了一种 IC 卡生产方法，包括步骤：①在 IC 卡基体上形成标记层，并用印刷法在标记层上制作防伪标记；②在所述标记层上覆盖透明的光变层，该光变层由具有光变效果的材料形成。

对比文件 2 公开了一种 IC 卡生产方法，包括步骤：①在 IC 卡基体上依次形成标记层和带有透镜结构的塑料层；②用激光穿过塑料层的透镜结构而在所述标记层上作防伪标记，该塑料层不会因激光照射而改变，并且该塑料层的透镜结构具有在不同观看角度下产生不同视觉效果的特性。

【分析】

对比文件 1、对比文件 2 公开的现有技术与本发明技术领域相同，解决的技术问题、产生的技术效果也相近。考虑到对比文件 2 的现有技术公开的发明的技术特征更多，因此选择对比文件 2 的现有技术作为最接近的现有技术更有利于评价创造性。

【例 2－25】

发明要求保护一种复合地板，其包括基材、复合于基材下面的防潮层和复合于基材上面的耐磨层，该耐磨层为材料 A。

根据说明书记载，耐磨层的作用在于提高地板的耐磨性。

对比文件 1 公开了一种地板，其包括基材和复合于基材上的耐磨层，

① 中华人民共和国国家知识产权局．专利审查指南 2010：2019 年修订［M］．北京：知识产权出版社，2020：172－173．

该耐磨层为材料 C。

对比文件 2 公开了一种地板，其包括基材、复合于基材下面的防潮层和复合于基材上面的防静电层，该防静电层为材料 B。

【分析】

对比文件 1 和对比文件 2 公开的现有技术均与发明的技术领域相同，对比文件 1 的现有技术与发明相同的技术特征为“基材”和“复合于基材上的耐磨层”，对比文件 2 的现有技术与发明相同的技术特征为“基材”和“复合于基材下面的防潮层”。考虑到对比文件 1 的现有技术与发明的地板均具有耐磨的技术效果，因此选择对比文件 1 作为发明最接近的现有技术更有利于评述创造性。

【例 2-26】

本案权利要求保护的是一种婴儿车，所要解决的技术问题是促进婴儿车内部空气流通，避免闷热，从而在婴儿车内部设置可改变气流方向的气泵。对比文件 1 中的婴儿车是针对现有婴儿车因空间密闭易形成幽闭症的缺点，提出一种可形成气流屏障的婴儿车，该气流屏障只能通过喷射气流产生。

【分析】

本案的气泵能够改变气流方向，这构成本案与对比文件 1 的区别技术特征：能够促进婴儿车内部空气流通，避免闷热。对比文件 1 中的婴儿车其发明构思与本案不一致，其是针对现有婴儿车因空间密闭易形成幽闭症的缺点，其无法通过吸入气流形成气流屏障，即本领域技术人员在面对对比文件 1 所公开的上述婴儿车时，未得到将其产生气流的装置替换为能够改变气流方向的气泵从而实现吹气和抽气的启示，因此该替换不属于本领域技术人员显而易见的方法，不存在技术启示。

五、实用性

1. 法条含义

实用性，是指发明或者实用新型申请的主题必须能够在产业上制造或者使用，并且能够产生积极效果。

授予专利权的发明或者实用新型，必须是能够解决技术问题，并且能够应用的发明或者实用新型。换句话说，如果申请的是一种产品（包括发明和实用新型），那么该产品必须在产业中能够制造，并且能够解决技术问题；如果申请的是一种方法（仅限发明），那么这种方法必须在产业中能够使用，并且能够解决技术问题。只有满足上述条件的产品或者方法的专利申请才可能被授予专利权。

在产业上能够制造或者使用的技术方案，是指符合自然规律、具有技术特征的任何可实施的技术方案。这些方案并不一定意味着使用机器设备，或者制造一种物品，还可以包括例如驱雾的方法，或者将能量由一种形式转换成另一种形式的方法①。

能够产生积极效果，是指发明或者实用新型专利申请在提出申请之日，其产生的经济、技术和社会的效果是所属技术领域的技术人员可以预料到的。这些效果应当是积极的和有益的。

2. “能够实现”与“能够制造或者使用”的区别

实用性意义上的“不能制造或使用”是由技术方案本身固有的缺陷所致，与说明书公开的程度无关，即使说明书公开得再详细，发明也不具备实用性，例如违背自然规律和/或没有再现性的技术方案。充分公开意义上的“所属技术领域的技术人员能否实现”则取决于说明书公开的程度，即由于说明书没有对发明作出清楚、完整的说明，从而导致所属技术领域的技术人员不能实现该发明。

当申请要求保护的主题明显违背自然规律，应当以该申请不具备实用性为理由拒绝；而如果是说明书记载的原理不清楚，有理由怀疑其原理违背自然规律时，既可以以该申请不具备实用性为理由，也可以以该申请公开不充分为理由提出反对意见。无论采用哪种方式，说理均应该与最后的结论在逻辑上相符②。

---

① 中华人民共和国国家知识产权局．专利审查指南2010：2019年修订［M］．北京：知识产权出版社，2020：187-190.

② 中华人民共和国国家知识产权局．审查操作规程-实质审查分册［M］．北京：知识产权出版社，2011：100.

3. 案例剖析

【例2-27】

某案权利要求：一种在铜上镀铁的方法，包括如下步骤：将一铜块浸泡在含铁离子的水溶液中，从而在所述铜块上形成一铁层。

该案说明书记载：本发明提供一种仅通过将铜块浸泡在含铁离子例如硫酸铁的水溶液中就能够在其上镀上一硬铁层的方法，并且实施该方法采用的设备比传统方法采用的设备更简单。

【分析】

由于铁的氧化能力大于铜，即铁更易于形成离子，所以当工件为铜时，铁离子不会被铜还原为铁而镀到铜表面上。因此，仅通过将铜块浸泡在含铁离子例如硫酸铁的水溶液中是不可能在铜块上形成一硬铁层的。所以权利要求请求保护的技术方案违背自然规律，不具备《专利法》第二十二条第四款所规定的实用性。

【例2-28】

某案权利要求：适用于开发黄河小北干流水土、水能资源的一种方法，其特征在于所述的方法是于禹门口上游设取水口（闸）、自流引水，然后开凿河（渠），将水送往下游兴利除害。

该案说明书记载：利用黄河禹门口上游狭窄的天然关卡的有利条件，水流稳定可靠，在口内左（山西侧）右（陕西侧）两岸，分设取水口（闸），然后开凿河（渠、隧洞）道，将水送往下游，分别实现灌溉、航运、供水（电灌站供水）、水力发电、开发滩涂、防洪护岸、水产养殖等效益。为了改善取水条件，可在此基础上，于禹门口上设坝、抬高水位、澄清泥沙，然后送往下游兴利除害。

【分析】

根据申请文件记载，本申请的目的在于满足“黄河小北干流”（禹门口至潼关河段）两岸的灌溉、航运、水电开发等的需要。其权利要求请求保护的方法主要是自禹门口自流引水至某地终止（不一定到潼关）。由于权利要求的技术方案利用了禹门口这一独一无二的自然条件，使得该权利要求请求保护的技术方案无法在产业上使用，因此不具备《专利法》第二十二条第四款所规定的实用性①。

六、权利要求清楚、简要

1. 法条含义

《专利法》第二十六条第四款规定，权利要求书应当以说明书为依据，清楚、简要地限定要求专利保护的范围。2010 年修订的《专利法实施细则》第十九条第一款规定，权利要求书应当记载发明或者实用新型的技术特征。

权利要求书是否清楚，对于确定发明或者实用新型要求保护的范围是极为重要的。权利要求书应当清楚，一是指每一项权利要求应当清楚，二是指构成权利要求书的所有权利要求作为一个整体也应当清楚。

首先，每项权利要求的类型应当清楚。权利要求的主题名称应当能够清楚地表明该权利要求的类型是产品权利要求还是方法权利要求。不允许采用模糊不清的主题名称，例如，“一种……技术”，或者在一项权利要求的主题名称中既包含产品又包含方法，例如，“一种……品及其制造方法”。另一方面，权利要求的主题名称还应当与权利要求的技术内容相适应。

产品权利要求适用于产品发明或者实用新型，通常应当用产品的结构特征来描述。特殊情况下，当产品权利要求中的一个或多个技术特征无法用结构特征予以清楚地表征时，允许借助物理或化学参数表征；当无法用结构特征并且也不能用参数特征予以清楚地表征时，允许借助方法特征表征。使用参数表征时，所使用的参数必须是所属技术领域的技术人员根据说明书的教导或通过所属技术领域的惯用手段可以清楚而可靠地加以确定的。

方法权利要求适用于方法发明，通常应当用工艺过程、操作条件、步骤或者流程等技术特征来描述。用途权利要求属于方法权利要求。但应当

① 中华人民共和国国家知识产权局. 审查操作规程 - 实质审查分册［M］. 北京：知识产权出版社，2011：96 - 97.

注意从权利要求的撰写措词上区分用途权利要求和产品权利要求。例如，“用化合物 *X* 作为杀虫剂”或者“化合物 *X* 作为杀虫剂的应用”是用途权利要求，属于方法权利要求，而“用化合物 *X* 制成的杀虫剂”或者“含化合物 *X* 的杀虫剂”，则不是用途权利要求，而是产品权利要求。

其次，每项权利要求所确定的保护范围应当清楚。权利要求的保护范围应当根据其所用词语的含义来理解。一般情况下，权利要求中的用词应当理解为相关技术领域通常具有的含义。在特定情况下，如果说明书中指明了某词具有特定的含义，并且使用了该词的权利要求的保护范围，那么由于说明书中对该词的说明已被限定得足够清楚，因此这种情况也是允许的。但此时也应要求申请人尽可能修改权利要求，使得根据权利要求的表述即可明确其含义。

权利要求中不得使用含义不确定的用语，如“厚”“薄”“强”“弱”“高温”“高压”“很宽范围”等，除非这种用语在特定技术领域中具有公认的确切含义，如放大器中的“高频”。对没有公认含义的用语，如果可能，应选择说明书中记载的更为精确的措词替换上述不确定的用语。

权利要求中不得出现“例如”“最好是”“尤其是”“必要时”等类似用语。因为这类用语会在一项权利要求中限定出不同的保护范围，导致保护范围不清楚。当权利要求中出现某一上位概念，后面跟一个由上述用语引出的下位概念时，应当要求申请人修改权利要求，允许其在该权利要求中保留其中之一，或将两者分别在两项权利要求中予以限定。

在一般情况下，权利要求中不得使用“约”“接近”“等”“或类似物”等类似的用语，因为这类用语通常会使权利要求的范围不清楚。当权利要求中出现了这类用语时，审查员应当针对具体情况判断使用该用语是否会导致权利要求不清楚，如果不会，则允许。除附图标记或者化学式及数学式中使用的括号之外，权利要求中应尽量避免使用括号，以免造成权利要求不清楚，例如“（混凝土）模制砖”。然而，具有通常可接受含义的括号是允许的，例如“（甲基）丙烯酸酯”，“含有 10% ~60%（重量）的 A”。①

---

① 中华人民共和国国家知识产权局．专利审查指南 2010：2019 年修订［M］．北京：知识产权出版社，2020：149．

最后，构成权利要求书的所有权利要求作为一个整体也应当清楚，这是指权利要求之间的引用关系应当清楚。

2. 案例剖析

【例 2-29】

权利要求 3：根据权利要求 1 所述的照明器具，其特征在于所述大功率 LED 矩阵光源的整体散热模块……冷却箱（21）内充满冷却介质水或油，与散热板（16）安装处用硅胶进行防漏密封，冷却箱上部设一个接头（23），下部设一个接头（24），分别与附设的冷却循环系统相连。

权利要求 7：根据权利要求 1 所述的照明器具，其特征在于 LED 光源（17），由反射镜（25）、已封装的发光二极管（26）、光源电路板（27）和接头（28）组成……

【分析】

在判断权利要求保护范围是否清楚时，不同的部件采用同样的术语并非必然导致权利要求不清楚，而应从权利要求整体判断不同的部件是否根据权利要求的限定可以明确区分。本案中，从权利要求 3 和 7 记载的内容可以明确得出：权利要求 3 中的“接头”分别为冷却箱上部和下部的接头，权利要求 7 中的“接头”为 LED 光源的接头，也即，本领域技术人员仅根据权利要求 3 和 7 的表述便能明确上述各“接头”为不同的部件，本领域技术人员根据权利要求 3 和 7 的表述能明确各“接头”的设置位置和功用，并不会将它们混淆，因此，权利要求的保护范围是清楚的。

【例 2-30】

权利要求 1：一种卧式聚结器，其特征是包括壳体，壳体的中部设置介质进口，介质进口后设置破乳舌片机构，所述破乳舌片机构为波叶状喇叭口旋流管，破乳舌片机构上方设置聚结板，聚结板是涂有特氟龙材料的填料，聚结板上方设置尼龙滤芯，壳体顶部设置介质出口，壳体的底部设置胺液出口。

工作时，夹带液体的气相流体从聚结器下部进入聚结器，首先通过聚结器入口处的破乳舌片，破乳石片为波叶状喇叭口旋流管，通过破乳舌片对介质进行破乳并改变其流向，使其沿聚结器壳体内壁切向旋转流入，由于气体和液体的密度不同而进行分离，密度大的液体沉降，密度小的气体通过切向力上升，进入聚结板，由于特氟龙的憎水作用，大量的水不能通过，气体顺利流向尼龙滤芯，进行深度精细脱水，流体从内向外流过聚结器滤芯，小液滴聚结成大液滴，依靠重力从聚结器滤芯的外层沉降到下部的液槽中。

权利要求 4：根据权利要求 1 或 2 所述的组合式聚结器，其特征是壳体底部设置液槽。

【分析】

权利要求 1 中的“依靠重力重聚结器滤芯的外层沉降到下部的液槽中”以及权利要求 4 中的“壳体底部设置液槽”，是否限定出了液槽处于不同位置，导致权利要求 4 保护范围不清楚，不符合《专利法》第二十六条第四款的规定。

本案权利要求 1 中记载了聚结器包括壳体，并且从夹带液体的气相流体在聚结器中的分离过程可以确定，液槽位于聚结器下部，从属权利要求 4 进一步记载了“壳体底部设置液槽”，其中，壳体底部属于聚结器下部的一部分，壳体底部与聚结器下部二者位置不存在矛盾，也即，权利要求 4 中“壳体底部设置液槽”是对液槽在聚结器下部位置的进一步限定，其保护范围是清楚的。

权利要求清楚与否，应当由所属领域的技术人员从技术含义的角度进行分析判断。本案从属权利要求中进一步限定了“液槽”的位置，未导致权利要求不清楚。

【例 2-31】

权利要求 5：根据权利要求 3 所述的一种 RFID 读写器芯片中测方法，其特征在于：所述的步骤 D 包括 D1、第二微控制器将接收到的测试结果和测试结束信号转换为 BIN 信号、REJ 信号和 EOT 信号，并发送给 FPGA 控制板；D2、FPGA 控制板将接收到的 BIN 信号、REJ 信号和 EOT 信号转换为数字信号，并通过光耦隔离电路和第二 TTL 电平接口发送到探针台。

【分析】

本案权利要求中涉及英文缩写，对于该英文缩写应从本领域技术人员的角度判断其是否具有公认的或通常可接受的含义，如果该英文缩写在本领域具有公认的或通常可接受的含义，则不应当指出该权利要求不清楚。

本案权利要求的上述三个信号代表的含义是“测试结果和测试结束信号”，现有技术对各个信号也有与本案内容一致的公知含义，并不会导致范围不清楚，因此，权利要求的保护范围是清楚的。

七、权利要求应当以说明书为依据

权利要求是在说明书的基础上，用构成发明或者实用新型技术方案的技术特征来表明要求专利保护的范围。记载在权利要求中的每一个技术特征，都会对该权利要求的保护范围产生一定的限定作用。所谓“限定作用”是指在权利要求中写入一个技术特征，就表明该权利要求所要求保护的技术方案中应当包括该技术特征。在授予专利权之后，如果他人未经专利权人许可而实施的技术方案包括了权利要求中记载的全部技术特征或者与这些技术特征相等同的技术特征，就落入了该权利要求的保护范围之内。由此可见，一项权利要求所记载的技术特征越少，则表达每一个技术特征所采用的措词越是具有广泛的含义，该权利要求的保护范围就越大，这是权利要求的基本属性。

1. 法条含义

《专利法》第二十六条第四款规定，权利要求书应当以说明书为依据，清楚、简要地限定要求专利保护的范围。2010 年修订的《专利法实施细则》第十九条第一款规定，权利要求书应当记载发明或者实用新型的技术特征。

权利要求书应当以说明书为依据，是指权利要求应当得到说明书的支持。权利要求书中的每一项权利要求所要求保护的技术方案应当是所属技术领域的技术人员能够从说明书充分公开的内容中得到或概括得出的技术方案，并且不得超出说明书公开的范围。

对于用上位概念概括或用并列选择方式概括的权利要求，应当审查这种概括是否得到说明书的支持。如果权利要求的概括包含申请人推测的内容，而其效果又难以预先确定和评价，应当认为这种概括超出了说明书公开的范围。如果权利要求的概括使所属技术领域的技术人员有理由怀疑该上位概括或并列概括所包含的一种或多种下位概念或选择方式不能解决发明或者实用新型所要解决的技术问题，并达到相同的技术效果，则应当认为该权利要求没有得到说明书的支持。对于这些情况，审查员应当根据《专利法》第二十六条第四款的规定，以权利要求得不到说明书的支持为理由，要求申请人修改权利要求。

例如，对于“用高频电能影响物质的方法”这样一个概括较宽的权利要求，如果说明书中只给出一个“用高频电能从气体中除尘”的实施方式，对高频电能影响其他物质的方法未作说明，而且所属技术领域的技术人员也难以预先确定或评价高频电能影响其他物质的效果，则该权利要求被认为未得到说明书的支持。

再如，对于“控制冷冻时间和冷冻程度来处理植物种子的方法”这样一个概括较宽的权利要求，如果说明书中仅记载了适用于处理一种植物种子的方法，未涉及其他种类植物种子的处理方法，而且园艺技术人员也难以预先确定或评价处理其他种类植物种子的效果，则该权利要求也被认为未得到说明书的支持。除非说明书中还指出了这种植物种子和其他植物种子的一般关系，或者记载了足够多的实施例，使园艺技术人员能够明了如何使用这种方法处理植物种子，才可以认为该权利要求得到了说明书的支持。

对于权利要求中所包含的功能性限定的技术特征，应当理解为覆盖了所有能够实现所述功能的实施方式。对于含有功能性限定的特征的权利要求，应当审查该功能性限定是否得到说明书的支持。如果权利要求中限定的功能是以说明书实施例中记载的特定方式完成的，并且所属技术领域的技术人员不能明了此功能还可以采用说明书中未提到的其他替代方式来完成，或者所属技术领域的技术人员有理由怀疑该功能性限定所包含的一种或几种方式不能解决发明或者实用新型所要解决的技术问题，并达到相同的技术效果，则权利要求中不得采用覆盖了上述其他替代方式或者不能解决发明或实用新型技术问题的方式的功能性限定。

此外，如果说明书中仅以含糊的方式描述了其他替代方式也可能适用，但对所属技术领域的技术人员来说，并不清楚这些替代方式是什么或者怎样应用这些替代方式，则权利要求中的功能性限定也是不允许的。另外，纯功能性的权利要求得不到说明书的支持，因而也是不允许的。

在判断权利要求是否得到说明书的支持时，应当考虑说明书的全部内容，而不是仅限于具体实施方式部分的内容。如果说明书的其他部分也记载了有关具体实施方式或实施例的内容，从说明书的全部内容来看，能说明权利要求的概括是适当的，则应当认为权利要求得到了说明书的支持。

对于包括独立权利要求和从属权利要求或者不同类型权利要求的权利要求书，需要逐一判断各项权利要求是否都得到了说明书的支持。独立权利要求得到说明书支持并不意味着从属权利要求也必然得到支持；方法权利要求得到说明书支持也并不意味着产品权利要求必然得到支持。

当要求保护的技术方案的部分或全部内容在原始申请的权利要求书中已经记载而在说明书中没有记载时，允许申请人将其补入说明书。但是权利要求的技术方案在说明书中存在一致性的表述，并不意味着权利要求必然得到说明书的支持。只有当所属技术领域的技术人员能够从说明书充分公开的内容中得到或概括得出该项权利要求所要求保护的技术方案时，记载该技术方案的权利要求才被认为得到了说明书的支持①。

2. 案例剖析

【例 2-32】

权利要求 1：一种用于可见光传感器的光电转换电路，包括：光电二极管阵列（1），暗电流二极管阵列（2），其特征在于：……所述第三 PMOS 管（M7）和第四 PMOS 管（M8），其栅极相连并接于偏置电压 Vbias，第三 PMOS 管（M7）的漏极接第一 NMOS 管（M1）的漏极，第三 PMOS 管（M7）的源极接失配校正单元（4）的第一输出端，第四 PMOS 管（M8）的漏极接第一 PMOS 管（M5）和第二 PMOS 管（M6）的漏极，第四 PMOS 管（M8）的源极接失配校正单元（4）的第二输出端。

所述第一 PMOS 管（M5）和第二 PMOS 管（M6），其源极相连并接到失配校正单元（4）的第二输出端；第一 PMOS 管（M5）的栅极与来自于外部数字逻辑的控制信号 M 连接，其漏极接第二 NMOS 管（M2）与第四 NMOS 管（M4）的漏极；第二 PMOS 管（M6）的栅极与来自于外部数字逻辑的控制信号 M 的反相信号 XM 连接……

① 中华人民共和国国家知识产权局．专利审查指南 2010：2019 年修订［M］．北京：知识产权出版社，2020：145-148.

【分析】

权利要求1中对滤噪电路的结构组成作了具体限定“第四PMOS管（M8）的漏极接第一PMOS管（M5）和第二PMOS管（M6）的漏极”。该记载的连接关系与说明书附图公开的“第四PMOS管（M8）的漏极接第一PMOS管（M5）和第二PMOS管（M6）的源极”不一致；且权利要求1记载的滤噪电路无法形成电流镜结构、不能实现滤噪功能，即无法解决避免非可见光噪声和暗电流影响的技术问题。

本案为典型的形式上支持而实质上不支持的情形；对申请文件的理解，不应仅仅以权利要求和说明书的文字记载为依据，还应当同时考虑说明书附图，从申请文件整体理解技术方案。本案权利要求和与其对应的说明书部分文字记载的技术方案与本案发明构思不符，从而导致权利要求实质上得不到说明书支持。

【例2-33】

权利要求1：一种柔性电纺丝喷嘴……制作该喷嘴的材料为金属……

【分析】

说明书充分公开的技术方案中制作该喷嘴所用的材料是铜，并且记载了用铜制作电纺丝喷嘴是利用其软金属特性。

权利要求1请求保护一种柔性电纺丝喷嘴，其中制作该喷嘴的材料为金属，而说明书公开的技术方案中，使用的材料是铜。根据说明书的记载，用铜制作本发明电纺丝喷嘴是因为铜是一种软金属。众所周知，金属还包括“硬金属”，其不具备软金属的特性。因此，所属技术领域的技术人员可以预见，并非所有的金属都适用于本发明的柔性电纺丝喷嘴，因此，权利要求1得不到说明书的支持，不符合《专利法》第二十六条第四款的规定。

【例2-34】

权利要求1：一种移动通信终端用电池充电器，其特征是由如下几个部分构成：感知构件，位于所述外壳上，感知所述电池是否插入所述外壳内并带动起动部件动作……

【分析】

说明书中描述了感知构件的具体结构，指出感知构件是由销和弹性部件构成。

权利要求1中包括用功能进行限定的技术特征“感知构件”，说明书中仅公开了由销和弹性部件构成的特定结构来实现感知构件的上述功能的内容，由于现有技术中不存在实现上述感知电池插入并带动相关部件动作功能的常规手段，因而所属技术领域的技术人员由说明书公开的内容不能明了上述功能还可以采用说明书中未提到的其他替代方式来完成，因此含有上述功能性限定的技术特征的该权利要求得不到说明书的支持，不符合《专利法》第二十六条第四款的规定。

八、必要技术特征

1. 法条含义

独立权利要求应当从整体上反映发明或者实用新型的技术方案，记载解决技术问题的必要技术特征。必要技术特征是指，发明或者实用新型为解决其技术问题所不可缺少的技术特征，其总和足以构成发明或者实用新型的技术方案，使之区别于背景技术中所述的其他技术方案。

判断某一技术特征是否为必要技术特征，应当从所要解决的技术问题出发并考虑说明书描述的整体内容，不应简单地将实施例中的技术特征直接认定为必要技术特征。

2. 案例剖析

【例2-35】

权利要求1：一种柔性材料的变速转位装置，包括机架，其特征在于：可转动地设置于机架上的主轴，用于驱动主轴转动的电机，固定设置于主轴上的回转架，固定设置于机架上且形成有第一轨迹槽的平面凸轮，圆周分布设置于回转架上的若干组吸附转位机构，每组吸附转位机构包括设置于回转架上沿主轴径向延伸的导轨、活动配设于导轨上的滑座、沿主轴径向延伸且可绕自身轴线转动地设置于滑座上的转筒、设置于转筒上的吸附块、固定设置于滑座上与第一轨迹槽相配合用于驱动滑座沿导轨移动的第一凸轮轴承，所述转筒外周面形成有用于引导转筒转动的第二轨迹槽，所述回转架上固定设置有与第二轨迹槽配合的第二凸轮轴承。

【分析】

本案说明书声称本申请要解决的技术问题是：提供一种结构简单、动作精度高、成本低廉的柔性材料的变速转位装置。其中独立权利要求1已经能够解决“使变速转位装置结构简单、动作精度高”的技术问题，即权利要求1记载的内容至少能解决本申请的部分技术问题，此时即便解决别的技术问题的技术特征并未记载在权利要求1中，也不宜认为独立权利要求缺乏必要技术特征。判断某一技术特征是否为必要技术特征，应当从所要解决的技术问题出发并考虑说明书描述的整体内容，不应简单将实施例中的技术特征直接认定为必要技术特征。申请文件声称要解决多个技术问题时，只要独立权利要求中记载的技术特征能解决至少一个技术问题，则不认为其缺乏必要技术特征。

第三节　专利申请的保护策略

一、专利类型合理选择

在我国《专利法》中，专利包括发明专利、实用新型专利和外观设计专利三种类型，专利类型的选择对专利申请保护有重大影响。发明是指对产品、方法或者其改进所提出的新的技术方案。所谓技术方案一般是指为了解决特定的技术问题所采取的技术措施的有序集合。发明专利是专利中技术含量最高的，也是体现企业核心竞争力的标志。发明专利可以是产品，也可以是方法，或者是产品或方法的改进。实用新型是指对产品的形状、构造或者其结合所提出的适于实用的新的技术方案。实用新型专利由于技术含量相对较低，俗称“小专利”。实用新型专利只保护产品，该产品应当是经过工业方法制造的、占据一定空间的实体。一切有关方法、无确定形状的产品，如气态、液态、粉末状、颗粒状的物质或材料，不能申请实用新型专利。外观设计是指对产品的形状、图案或者其结合以及色彩与形状、图案的结合所作出的富有美感并适于工业应用的新设计。外观设计强调的是保护工业品而不是保护艺术品，也往往被称为“工业品外观设计”。

发明、实用新型与外观设计三种不同类型的专利存在较大的差异，主要的区别在于以下五点。

（1）保护范围不同。发明专利可以保护各种产品和方法的创新；而实用新型专利的保护范围比发明专利要窄得多，只限于产品发明，而且只适用于产品的形状、构造或者其结合方面的创新，不保护方法以及没有固定形状的物质；至于外观设计专利的保护范围，主要侧重于产品外表的设计，不涉及产品本身的技术性能。

（2）授权要求不同。在专利授权的要求方面，尤其是创造性的要求上，发明专利的要求最高，实用新型专利的要求低一些，外观设计专利主要注重美感效果，对于创新的要求更低。

（3）审批程序不同。申请发明专利，首先要经过专利局初步审查，再经过公开和实质审查才能获得专利授权。申请实用新型专利和外观设计专利，审批程序相对比较简单，只需要经过专利局初步审查，认为符合《专利法》要求的，即可获得专利授权，不需要经过实质审查。

（4）保护期限不同。在我国，发明专利的保护期限为自申请日起 20 年，而实用新型专利的保护期限为自申请日起 10 年，外观设计专利的保护期限为自申请日起 15 年。

（5）保护费用不同。相对于实用新型专利和外观设计专利，发明专利的保护费用较高。

对于发明、实用新型与外观设计这三种类型的专利申请选择，要根据实际情况进行。有的发明创造，既可以申请发明专利，也可以申请实用新型专利；或者既可以申请实用新型专利，也可以申请外观设计专利。由于这三种专利的保护范围、授权条件和审批程序等并不一致，而且对于企业的专利经营影响较大，因此，企业应当周全考虑如何选择合适的专利类型来保护其发明创造。在申请时，企业一般应考虑以下三方面。

（1）考虑发明创造符合哪种专利的基本要求。不是所有的发明创造，都可以任意申请为发明专利、实用新型专利或者外观设计专利。比如，如果是一种方法发明，就只能申请发明专利，没有其他类型的专利可供选择。因此，在考虑某种发明创造的专利保护时，首先要评估其满足哪种或哪几种类型专利的要求。如果把只能申请外观设计专利的设计，拿去申请实用新型专利甚至发明专利，不但无法获得专利授权，反而浪费了申请人的时间和金钱。

（2）比较不同类型专利对于企业的优势。如果一个发明创造可以同时申请几种类型的专利，这时就要考虑哪种类型的专利对于企业更具有优势。发明专利尽管保护期限较长，但因为审批程序复杂，授权要求、取得成本较高，可能不容易获得专利授权，或者获得专利授权的时间比较长，不利于企业立即进行专利保护。实用新型专利和外观设计专利虽然保护期限较短，但审批程序简单，容易取得专利授权，而且取得专利授权的时间也较短，可以先把相关的市场保护起来。因此，需要综合比较，权衡利弊，正确选择合适的专利类型。

（3）考虑企业对不同专利保护的承受能力。不同类型的专利保护，对于企业而言，所需要的时间、花费的成本、获得的利益，也各不相同。企业应当量体裁衣，量力而行，找到适合自己承受能力的专利保护方式。对于发明专利、实用新型专利和外观设计专利等不同类型的专利，企业应结合自己发明创造的具体情况，进行分析比较后，择优确定适合自身的专利类型。

所谓择优确定适合自身的专利类型，是指根据发明创造的具体情况、三种专利类型的优势以及企业的承受能力，选择最合适的专利类型来保护自己的发明创造。不过，在实践中，有的企业一想到专利，就只想到发明专利，似乎看不上实用新型专利与外观设计专利。对实用新型专利和外观设计专利存有这样的偏见，是因为其只看到了发明专利表面的光鲜，而没有领略到另外两种专利的魅力。在某些行业，产品的更新换代如此之快，令人目不暇接。在这些领域，一件发明创造经过几年的时间取得发明专利授权后，这件专利所对应的产品可能已经被市场淘汰了。如果该发明创造可以申请实用新型专利，可能短短数月就拿到专利证书了，从而能够迅速为产品提供专利保护，达到垄断市场的目的。在这个市场变化如此快速的时代，一个拥有 10 年保护期的实用新型专利和 15 年保护期的外观设计专利，完全足以为相关的产品在从进入市场到退出市场的这段时间提供法律的保护[①]。

如果某些企业的产品急着要上市，并需要专利的保护，这时申请实用新型专利或外观设计专利，可能是最好的选择，因为发明专利漫长的审批期限不能适应企业的这种需求。特别是在申请发明专利时，如果自申请日起满18个月，专利局公开了发明专利申请后，很可能招来其他企业的仿制行为，而此时又没有获得专利授权，不能进行专利维权。这时，企业可能就会后悔没有申请不需要实质审查、授权快捷的实用新型专利了。

另外，对于实用新型专利和外观设计专利被宣告无效的可能性较大的担忧完全没有必要。如果发明创造本身并不满足专利授权条件，即使是申请发明专利，也不会获得授权，获得授权也同样可以被宣告无效。是真金就不怕火炼，专利权的稳定性和可靠性，取决于发明创造本身的专利性状况，它与专利类型并没有什么联系。因此，对企业而言，重要的不是专利类型本身是什么，而是哪种类型的专利最适合保护它的产品或市场。

如果企业特别需要发明专利的权利要求稳定性，而同时也需要实用新型专利来快速授权，可以就同样的发明创造同时申请发明专利和实用新型专利。发明专利审批较慢，但保护期长，实用新型专利审批较快，但保护期短，两者同时申请正好可以相互取长补短。当实用新型专利授权时，可以借此更早地保护自己的发明创造；当发明专利授权时，可以放弃实用新型专利，而获得较长期限的专利保护。需要说明的是，《专利法》第九条第一款规定："同样的发明创造只能授予一项专利权。但是，同一申请人同日对同样的发明创造既申请实用新型专利又申请发明专利，先获得的实用新型专利权尚未终止，且申请人声明放弃该实用新型专利权的，可以授予发明专利权。"可见，我国禁止对同样的发明创造授予多项专利权，即同样的发明创造不能有多项处于有效状态的专利权同时存在。根据《专利审查指南》的规定，对于发明或实用新型，"同样的发明创造"是指两件或两件以上申请（或专利）中存在保护范围相同的权利要求。尽管存在上述规定的限制，企业仍然可以采用同时申请实用新型专利和发明专利的方

① 北京路浩知识产权代理有限公司，北京御路知识产权发展中心．企业专利工作实务［M］．北京：知识产权出版社，2009：152－161．

式，来更好地保护其发明创造。并且依照《专利法》，最终只选择其中一种类型的专利予以保留即可①。

二、权利要求的主题类型应当全面

权利要求书应当以说明书为依据，清楚、简要地限定要求专利保护的范围。权利要求书应当记载发明或者实用新型的技术特征，技术特征可以是构成发明或者实用新型技术方案的组成要素，也可以是要素之间的相互关系。

按照性质划分，权利要求有两种基本类型，即物的权利要求和活动的权利要求，或者简单地称为产品权利要求和方法权利要求。第一种基本类型的权利要求包括人类技术生产的物（产品、设备）；第二种基本类型的权利要求包括有时间过程要素的活动（方法、用途）。属于物的权利要求有物品、物质、材料、工具、装置、设备等权利要求；属于活动的权利要求有制造方法、使用方法、通信方法、处理方法以及将产品用于特定用途的方法等权利要求。

在类型上区分权利要求的目的是确定权利要求的保护范围。通常情况下，在确定权利要求的保护范围时，权利要求中的所有特征均应当予以考虑，而每一个特征的实际限定作用应当最终体现在该权利要求所要求保护的主题上。方法特征表征的产品权利要求的保护主题仍然是产品，其实际的限定作用取决于对所要求保护的产品本身带来何种影响。

1. 产品权利要求

产品权利要求适用于产品发明或者实用新型，通常应当用产品的结构特征来描述。特殊情况下，当产品权利要求中的一个或多个技术特征无法用结构特征予以清楚地表征时，允许借助物理或化学参数表征；当无法用结构特征并且也不能用参数特征予以清楚地表征时，允许借助于方法特征表征。使用参数表征时，所使用的参数必须是所属技术领域的技术人员根据说

---

① 北京路浩知识产权代理有限公司，北京御路知识产权发展中心．企业专利工作实务［M］．北京：知识产权出版社，2009：152－161．

明书的教导或通过所属技术领域的惯用手段可以清楚而可靠地加以确定的。

对于主题名称中含有用途限定的产品权利要求，其中的用途限定在确定该产品权利要求的保护范围时应当予以考虑，但其实际的限定作用取决于对所要求保护的产品本身带来何种影响。例如，主题名称为“用于钢水浇铸的模具”的权利要求，其中“用于钢水浇铸”的用途对主题“模具”具有限定作用；对于“一种用于冰块成型的塑料模盒”，因其熔点远低于“用于钢水浇铸的模具”的熔点，不可能用于钢水浇铸，故不在上述权利要求的保护范围内。然而，如果“用于……”的限定对所要求保护的产品或设备本身没有带来影响，只是对产品或设备的用途或使用方式的描述，则其对产品或设备是否具有新颖性、创造性的判断不起作用。

2. 方法权利要求（包含应用）

方法权利要求适用于方法发明，通常应当用工艺过程、操作条件、步骤或者流程等技术特征来描述。用途权利要求属于方法权利要求。但应当注意从权利要求的撰写措辞上区分用途权利要求和产品权利要求。例如，“用化合物 X 作为杀虫剂”或者“化合物 X 作为杀虫剂的应用”是用途权利要求，属于方法权利要求，而“用化合物 X 制成的杀虫剂”或者“含化合物 X 的杀虫剂”，则不是用途权利要求，而是产品权利要求①。

3. 案例剖析

（1）成果转化最大化。

【例 2－36】

一种恒温燃气热水器控制器，权利要求 1—10 均为产品权利要求。

【分析】

本案描述了一种控制器，用于控制恒温燃气热水器，可以考虑加入控制方法，或者具体的控制过程。

【例 2－37】

一种植物纤维防火消音板/防火隔热板，权利要求 1—10 均为制造方法限定的产品权利要求。

---

① 中华人民共和国国家知识产权局．专利审查指南 2010：2019 年修订［M］．北京：知识产权出版社，2020：148－149.

植物纤维防火隔热板，其特征在于所述植物纤维防火隔热板的制造工艺包括如下步骤：……

【分析】

本案要求保护一种防火消音板或者隔热板，仅要求保护了产品权利要求，然而说明书中详细描述了所述植物纤维防火隔热板的制造工艺，为实现成果转化的最大化，可以考虑进一步要求保护制造工艺以及使用场景，实现方法及用途保护。

（2）维权可行性高。

【例 2－38】

对一个天线进行改进。

【分析】

如果只保护天线，当专利权人发现一个手机厂商在不知情的情况下使用了一批合法采购的侵权天线时，且手机厂商能够证明来源合法，专利权人只能要求其停止侵权，而不能要求其赔偿损失。如果专利权人本身就是手机厂商，希望打击一下竞争对手，或者希望对方赔偿，那么在申请专利时就需要“应用该天线的移动通信装置”的权利要求，来保护自己的利益，依据该权利起诉竞争对手侵权。

【例 2－39】

对车载电池的结构进行改进。

【分析】

权利要求如果仅对车载电池的产品进行保护，则后续在维权过程中，对于该电池的运用等的维权极其不利。但是如果将其扩展为：（1）具有报警功能的车载电池；（2）一种检测车辆异常状态的方法；（3）一种配置具有报警功能的智能车载电池的车辆；则权利要求的保护主题较为全面，能够有效遏制其他侵权行为，有效保护企业的技术成果。

三、权利要求层层设防

1. 独立权利要求与从属权利要求结合

在一件专利申请的权利要求书中，独立权利要求所限定的一项发明或者实用新型的保护范围最宽。为增加专利申请取得专利的可能性和在批准专利后更有利于维护专利权，应针对不同的具体实施方式撰写从属权利要求，层层设防。

如果一项权利要求包含了另一项同类型权利要求中的所有技术特征，且对另一项权利要求的技术方案作了进一步的限定，则该权利要求为从属权利要求。由于从属权利要求用附加的技术特征对所引用的权利要求作了进一步的限定，所以其保护范围落在其所引用的权利要求的保护范围之内。

从属权利要求中的附加技术特征，可以是对所引用的权利要求的技术特征作进一步限定的技术特征，也可以是增加的技术特征。

一件专利申请的权利要求书中，应当至少有一项独立权利要求。当有两项或者两项以上独立权利要求时，写在最前面的独立权利要求称为第一独立权利要求，其他独立权利要求称为并列独立权利要求。审查员应当注意，有时并列独立权利要求也会引用在前的独立权利要求，例如，“一种实施权利要求 1 的方法的装置，……”“一种制造权利要求 1 的产品的方法，……”“一种包含权利要求 1 的部件的设备，……”“与权利要求 1 的插座相配合的插头，……”等。这种引用其他独立权利要求的权利要求是并列的独立权利要求，不能被看作是从属权利要求。对于这种引用另一权利要求的独立权利要求，在确定其保护范围时，被引用的权利要求的特征均应予以考虑，而其实际的限定作用应当最终体现在对该独立权利要求的保护主题产生了何种影响[①]。

在某些情况下，形式上的从属权利要求（即其包含有从属权利要求的引用部分），实质上不一定是从属权利要求。例如，独立权利要求 1 为“包括特征 X 的机床”，在后的另一项权利要求为“根据权利要求 1 所述的机床，其特征在于用特征 Y 代替特征 X”，在这种情况下，后一权利要求也是独立权利要求。审查员不得仅从撰写的形式上判定在后的权利要求为从属权利要求。

---

① 中华人民共和国国家知识产权局．专利审查指南 2010：2019 年修订［M］．北京：知识产权出版社，2020：145.

2. 案例剖析

【例 2－40】

对一种茶杯进行保护，如何实现权利的最大化。

【分析】

可以参考下面的权利要求撰写方式。

（1）一种茶杯，包括杯体，其特征在于：还包括杯盖。

（2）根据权利要求 1 所述的茶杯，其特征在于：还包括设置在杯体上的把手。

（3）根据权利要求 2 所述的茶杯，其特征在于：把手上还设有塑料套。

（4）根据权利要求 1—3 任一所述的茶杯，其特征在于：还包括设置在杯体中的过滤网。

（5）根据权利要求 1—4 任一所述的茶杯，其特征在于：所述的杯体是中空的。

四、权利要求扩大化保护

对权利要求进行扩大化撰写保护能够使申请人的利益最大化。但是，应当注意这种概括是否得到说明书的支持。如果权利要求的概括包含申请人推测的内容，而其效果又难于预先确定和评价，应当认为这种概括超出了说明书公开的范围。如果权利要求的概括使所属技术领域的技术人员有理由怀疑该上位概括或并列概括所包含的一种或多种下位概念或选择方式不能解决发明或者实用新型所要解决的技术问题，并达到相同的技术效果，则应当认为该权利要求没有得到说明书的支持。

1. 上下位表达法

权利要求通常由说明书记载的一个或者多个实施方式或实施例概括而成，形成上下位表达的方式。权利要求的概括应当不超出说明书公开的范围。如果所属技术领域的技术人员可以合理预测说明书给出的实施方式的所有等同替代方式或明显变型方式都具备相同的性能或用途，则应当允许申请人将权利要求的保护范围概括至覆盖其所有的等同替代或明显变型的方式。对于权利要求概括得是否恰当，审查员应当参照与之相关的现有技术进行判断。开拓性发明可以比改进性发明有更宽的概括范围[①]。

对于一个概括较宽又与整类产品或者整类机械有关的权利要求，如果说明书中有较好的支持，并且也没有理由怀疑发明或者实用新型在权利要求范围内不可以实施，那么，即使这个权利要求范围较宽也是可以接受的。但是当说明书中给出的信息不充分，所属技术领域的技术人员用常规的实验或者分析方法不足以把说明书记载的内容扩展到权利要求所述的保护范围时，审查员应当要求申请人作出解释，说明所属技术领域的技术人员在说明书给出信息的基础上，能够容易地将发明或者实用新型扩展到权利要求的保护范围；否则，应当要求申请人限制权利要求。例如，对于"一种处理合成树脂成型物来改变其性质的方法"的权利要求，如果说明书中只涉及热塑性树脂的实施例，而且申请人又不能证明该方法也适用于热固性树脂，那么申请人就应当把权利要求限制在热塑性树脂的范围内[②]。

2. 并列选择法

权利要求的撰写还可以采用并列选择法，即用"或者"或者"和"并列几个必择其一的具体特征。例如，"特征 A、B、C 或者 D"。又如，"由 A、B、C 和 D 组成的物质组中选择的一种物质"等。

采用并列选择法概括时，被并列选择概括的具体内容应当是等效的，不得将上位概念概括的内容，用"或者"与其下位概念并列。另外，被并列选择概括的概念，应含义清楚。例如在"A、B、C、D 或者类似物（设备、方法、物质）"这一描述中，"类似物"这一概念含义是不清楚的，因而不能与具体的物或者方法（A、B、C、D）并列。

3. 数值范围概括法

发明人在进行具体的产品结构设计时，通常都是设计出具体的零部件，通过绘制零部件的具体尺寸进行加工制造，最终设计出能够解决技术问题的产品，在此基础上，发明人通常会将产品的具体尺寸以及相互距离

① 张荣彦. 机械领域专利申请文件的撰写与审查［M］. 北京：知识产权出版社，2011：19－44.

② 中华人民共和国国家知识产权局. 专利审查指南 2010：2019 年修订［M］. 北京：知识产权出版社，2020：150－151.

限定进权利要求中。然而，面对这样的权利要求，其保护范围的限定在侵权判定中是极具不利的，只要涉嫌侵权的产品与本申请要求保护的数值范围有所区别，则该产品将不被认定为侵权。

4. 案例剖析

【例 2－41】

一种便携式牙刷，使用、携带更方便，在携带时不仅刷毛不易弄脏，而且牙刷与牙膏合成一体，不需要另带牙膏。进一步解决的技术问题：使用时不必从盒体中来回取放牙膏软袋即可刷牙。

便携式牙刷由牙刷本体、兼作刷柄的盒体和牙膏软袋组成，牙刷本体与盒体用铰链连接，牙膏软袋置于盒体中。盒体是细长方形。盒体的上壁有一个形状、大小与牙刷刷毛相应的空腔，当牙刷折叠放置时，牙刷刷毛正好落入刷毛空腔内；盒体的底部开有孔，置于盒底的牙膏软袋压板的下方有一个凸块，该凸块从孔中伸出。牙膏软袋放在压板上，牙膏软袋上有牙膏出膏口，该出膏口位于刷毛空腔内，出膏口与旋盖螺纹连接，盒体的一端具有一个可供更换牙膏软袋的开口和一个与此开口相配的端盖，端盖上具有 2—4 个凸起，凸起与盒体外壁上的凹孔相卡紧。

在盒体远离刷毛空腔那一端设置了一块可移动板来代替，该可移动板侧面有一个突出的拨块，盒体壁上与此拨块相对应的位置处开有一条沿盒体长边走向的长条形槽，可移动板上的拨块从此长条形槽中伸出，沿着长条形槽拨动拨块时，可以使可移动板沿着盒体长边方向移动。

【分析】

本案为解决在使用时不必从盒体中来回取放牙膏软袋即可刷牙的技术问题，设置了将牙刷设置在空腔内，举出了两个挤压牙膏的结构的实施例。为促使权利要求的最大化保护，可以对两个实施例进行上位概括。

一种便携式牙刷，由带刷毛的牙刷本体、兼作刷柄的盒体和置于该盒体内的牙膏软袋构成，该牙刷本体与该盒体之间为活动连接，其特征在于：所述盒体顶壁上有一个形状、大小与牙刷本体上的刷毛相应的刷毛空腔，携带时该牙刷本体上的刷毛正好位于此刷毛空腔内；所述牙膏软袋的出膏口位置与该刷毛空腔位置相应；该盒体中有一个挤压牙膏软袋的装置。

【例 2-42】

权利要求 1：一种手扶拖拉机卧式五轴变速箱，其驱动轮轴轴孔中心与转向轴轴孔中心的距离为 100.5 mm，转向轴轴孔中心与副变速轴轴孔中心的距离为 94.5 mm，副变速轴轴孔中心与第二轴轴孔中心的距离为 87.5 mm，第二轴轴孔中心与离合器轴轴孔中心的距离为 75 mm，其特征在于：变速箱的驱动轮轴轴孔、转向轴轴孔、副变速轴轴孔、第二轴轴孔的位置成弧形斜卧排列，驱动轮轴轴孔中心相对离合器轴轴孔中心的前移量 A 为 188.35 mm。

【分析】

上述权利要求限定的距离都是点值，无法有效地保护发明人的劳动成果。可以将上述权利要求修改为：一种手扶拖拉机卧式五轴变速箱，其驱动轮轴轴孔中心与转向轴轴孔中心、转向轴轴孔中心与副变速轴轴孔中心、副变速轴轴孔中心与第二轴轴孔中心、第二轴轴孔中心与离合器轴轴孔中心分别保持设定距离，其特征在于：变速箱的驱动轮轴轴孔、转向轴轴孔、副变速轴轴孔、第二轴轴孔的位置成弧形斜卧排列，驱动轮轴轴孔中心相对离合器轴轴孔中心有一前移量。

五、权利要求功能效果方面的保护

1. 功能性限定的技术特征（纯功能性限定）

通常，对产品权利要求来说，应当尽量避免使用功能或者效果特征来限定发明。只有在某一技术特征无法用结构特征来限定，或者技术特征用结构特征限定不如用功能或效果特征来限定更为恰当，而且该功能或者效果能通过说明书中规定的实验或者操作或者所属技术领域的惯用手段直接和肯定地验证的情况下，使用功能或者效果特征来限定发明才可能是允许的[①]。

① 吴观乐．发明和实用新型专利申请文件撰写案例剖析［M］．北京：知识产权出版社，2007：47-49．

2. 案例剖析

【例 2-43】

权利要求 1：一种涡卷弹簧安装设备，其特征在于，包括安装壳体，包括第一面板和第二面板，在第一面板和第二面板之间设有中心轴，所述第一面板在背向第二面板的面上设有工件安装槽；拉动装置，包括夹头、升降轴套、连接座和手柄，所述夹头和升降轴套均固定连接在连接座上，且夹头设于所述工件安装槽的边缘，升降轴套套在所述中心轴上，所述手柄固定连接在所述的连接座上，并位于所述安装壳体的外部；压紧装置，安装在所述的第一面板上，并位于所述第一面板背向第二面板的一侧。

权利要求 3：根据权利要求 1 所述的涡卷弹簧安装设备，其特征在于，所述的压紧装置包括转臂和压板，压板安装在所述的转臂上，所述转臂通过转动轴可转动地安装在所述第一面板上，使压板能移动至与所述工件安装槽的槽口相对的位置。

【分析】

本申请说明书记载的压紧装置（也即本申请权利要求 3 所限定的压紧装置），可旋转地将工件压紧于工件安装槽上，仅是一种优选的实施方式；对于本案权利要求中的压紧装置，所属领域的技术人员根据需要选用常规的压紧装置，即可解决其技术问题。因此，权利要求不存在得不到说明书支持的问题。

【例 2-44】

权利要求 1：一种折叠型自行车，包括：设置有前车轮和车把的前车架；设置有脚踏和车座的中间车架；设置有后车轮的后车架；使所述前车架、所述中间车架和所述后车架能够围绕彼此枢轴旋转以便相对于彼此而折叠的铰链装置，所述铰链装置包括设置在所述前车架上的前铰链元件、设置在所述中间车架上的中间铰链元件以及设置在所述后车架上的后铰链元件；设置在所述铰链装置的中心的铰链轴；设置在所述前铰链元件上的前轮辋，设置在所述中间铰链元件上的中间轮辋，以及设置在所述后铰链元件上的后轮辋；多个旋转元件，使得所述前轮辋、所述中间轮辋以及所述后轮辋之间可滚动接触。

【分析】

对于某一功能限定的技术特征，如果所属技术领域的技术人员知晓实现该功能的已知方式，并且该功能限定的技术特征所覆盖的除说明书中记载的实施方式以外的其他实施方式也能解决发明的技术问题，并达到相同的技术效果，那么这种限定是允许的。

权利要求 1 中包含的上述功能性限定特征表明，该旋转元件需要实现的功能为：使得所述前轮辋、所述中间轮辋以及所述后轮辋之间可滚动接触，权利要求 1 应当理解为覆盖了所有能够实现所述功能的实施方式。本案说明书所公开的包含圆筒—滚筒—导轨的实施方式并非能够实现上述功能的旋转元件的唯一形式。如：所述旋转元件为滚珠，该滚珠分别位于前轮辋与中间轮辋相对设置的凹轨之间、中间轮辋与后轮辋相对设置的凹轨之间，位于凹轨间的滚珠，可使得各轮辋滚动接触。因此，本领域技术人员能够采取说明书未提到的其他替代方式来完成该功能性限定的技术特征，权利要求 1 能够得到说明书的支持。

第三章

专利申请途径概要

第一节　PCT 国际申请

一、PCT 国际申请概述

PCT 国际申请是在专利领域进行合作的国际性条约。其目的是解决就同一发明创造向多个国家或地区申请专利时，减少申请人和各个专利局的重复劳动。在此背景下，PCT 于 1970 年 6 月在华盛顿签订，1978 年 1 月生效，同年 6 月实施。我国于 1994 年 1 月 1 日加入 PCT 组织，同时中国国家知识产权局作为受理局、国际检索单位和国际初步审查单位，接受中国公民、居民、单位提出的 PCT 国际申请。截至 2019 年 10 月，PCT 成员国增加至 153 个。

自《巴黎公约》生效以来，PCT 被认为是该领域进行国际合作最具有意义的进步标志。它主要涉及专利申请的提交、检索、审查以及其中包括的技术信息传播的合作性和合理性。PCT 不对“国际专利授权”：授予专利的任务和责任仍然只能归于寻求专利保护的各个国家的专利局或行使其职权的机构（指定局）。

PCT 并非与《巴黎公约》竞争，事实上是其补充，它是在《巴黎公约》下只对《巴黎公约》成员国开放的一个特殊协议。按照 PCT 的规定，在任何一个 PCT 成员国提出的一项专利申请，可以视为在指定的其他成员国同时提出了申请。实现了一国申请，多国有效。PCT 国际申请的审批程序分为国际阶段和国家阶段。国际阶段进行受理、公布、检索和初审，国家阶段由具体的国家局进行审查和授权。一项 PCT 申请进入具体国家阶段的时间为自申请日起 30 个月内。这样当申请人希望以一项发明创造得到多国（一般为 5 个以上）保护时，利用 PCT 途径是很适宜的。例如申请人通过 PCT 途径仅需向中国专利局提出一份国际申请，即可视为在指定的其他成员国同时提出了申请，免除了分别向每一个国家提出国家申请的麻烦，并且有更多时间来考虑最终要进入哪些具体国家。外观设计不适用 PCT 途径。申请人可根据国际检索报告及国际初步审查报告所提及的现有技术资料，对本发明的专利性（新颖性、创造性和实用性）进行判断，并可对权利要求进行适当的修改（如果必要的话），然后决定是否进入国家程序。

1. PCT 国际申请的申请途径

目前中国的申请人向国外申请专利有以下两种途径。

（1）传统的《巴黎公约》途径。若想获得多个国家或地区的专利，申请人应自优先权日起 12 个月内分别向多个国家或地区专利局提交多份申请文件，并缴纳规定的费用。

（2）PCT 途径。申请人可以直接向中国国家知识产权局（受理局）提交一份 PCT 国际申请，要求优先权的，应在自优先权日起 12 个月内提出。由受理局确定的国际申请日，在 PCT 的所有成员国中自国际申请日起具有正规国家申请的效力。申请人可以自优先权日起 30 个月内向欲获得专利保护的国家或地区专利局办理进入国家阶段的手续。各个国家或地区专利局将依据本国的国内法对于成功进入国家阶段的 PCT 国际申请做出是否授予专利权的决定①。

2. 国际申请日的效力

提交 PCT 国际申请的，由受理局确定国际申请日。国际申请在每个指定国内自国际申请日起具有正规国家申请的效力。除对 PCT 及其实施细则的有关规定作出保留的指定国外，国际申请日就是在每个指定国的实际申请日。

二、PCT 国际申请与传统的《巴黎公约》申请的区别

PCT 国际申请与传统的《巴黎公约》申请相比有着很大的改进，表 3－1清晰地体现了两种体系的差别。

---

① 汪涛．PCT 有关标准的研究［J］．2016 年度一般课题研究报告．

表 3-1 PCT 国际申请和《巴黎公约》申请的区别

改进项目	PCT 国际申请	《巴黎公约》申请
保护内容	发明、实用新型	发明、实用新型、外观设计
保护方式	专利合作多国缔约	专利申请优先权
效力范围	宽，所有成员国	单一或少数几个国家
办理国家阶段期限	期限长，30 个月内	期限短，外观设计 6 个月内，发明及实用新型 12 个月内
申请方式	一表多国，方便	一国一表，分别申请
缴费方式	仅缴纳国际费用，国家阶段再缴费	正常缴纳专利申请费用
申请风险	风险小，可合适配置	风险较大，判断失误损失较大
文件要求	可用母语	指定语言
审查方式	提供参考意见	国家正常程序
授权时间	时间长，可控性强	相对较短
授权难易	国际阶段通过后，国家阶段较易	严格，国家正常程序
费用及优惠	额外付费	正常费用

PCT 国际申请方便申请人在国际上寻求对其专利的国际保护，帮助专利局作出专利授予决定，便于公众查阅这些发明中涉及的丰富技术信息。根据 PCT 国际申请提交一件国际专利申请，申请人可以同时在全世界 153 个国家寻求对其专利的保护。

在申请人提出一件 PCT 国际申请后，需要对国际申请进行所谓的“国际检索”。通过这一检索，将得出“国际检索报告”，该报告中摘录了现有技术中可能对国际申请中提出权利要求的专利的专利性产生影响的引语。同时，国际检索单位还要编拟一份关于专利性的书面意见。国际检索单位将国际检索报告和书面意见通知申请人，如果根据该报告或该意见很可能无法授予专利权，申请人可决定撤回申请。

三、PCT 国际申请的优势

PCT 国际申请规定的程序对申请人、专利局和普通公众都大有好处。

（1）申请人有比在 PCT 以外的程序多 18 个月的时间考虑是否希望在外国寻求保护、在外国的每一个国家指定当地专利代理人、准备必要的翻译材料以及缴纳国家费用；申请人可以肯定，只要其国际申请是按 PCT 规定的形式提交的，任何被指定的主管局在处理申请的国家阶段，均不得以形式方面的理由驳回申请；申请人还可以根据国际检索报告或书面意见，比较有把握地评估，他的专利被授予专利权的机会有多大；申请人还可以在国际初步审查期间对国际申请作出修正，以使该申请在被指定的主管局处理之前符合要求。

（2）国际检索报告、书面意见，以及在可适用的情况下附于国际申请之后的国际初步审查报告，可以使各专利局的检索和审查工作劳动强度大大降低，甚至基本消失。

（3）由于每件国际申请都是与国际检索报告一起公布的，因此第三方也可以更好地对提出权利要求的专利的专利性形成有充足依据的意见。

（4）简化提出申请的手续。申请人可使用自己熟悉的语言（中文或英文）撰写申请文件，并直接递交到中国国家知识产权局。

（5）推迟决策时间，准确投入资金。在国际阶段，申请人会收到一份国际检索报告和一份书面意见。根据报告或书面意见，申请人可以初步判断专利是否具有专利性，然后根据需要，自优先权日起 30 个月内主动办理进入某个或某几个国家或地区的手续，即提交规定的文件和缴纳规定的费用。

（6）利于完善申请文件。申请人可根据国际检索报告和专利性国际初步报告，修改申请文件。当申请人希望以一项专利得到多个国家（一般在 5 个国家以上）保护时，利用 PCT 途径是适宜的。因为通过 PCT 途径仅需向中国专利局提出一份国际申请，免除了分别向每一个国家提出国家申请的麻烦。当申请人仅需向一个国家或者少数几个国家申请专利时，利用《巴黎公约》途径是适宜的。

四、PCT 国际申请须知

PCT 国际申请的两个阶段分为国际阶段和国家阶段。PCT 国际申请先要进行国际阶段程序的审查，然后再进入国家阶段程序的审查。申请的提出、国际检索和国际公布在国际阶段完成。如果申请人要求，国际阶段还包括国际初步审查程序。是否授予专利权的工作在国家阶段由被指定/选定的各个国家或地区专利局完成，具体流程如图 3－1 所示。

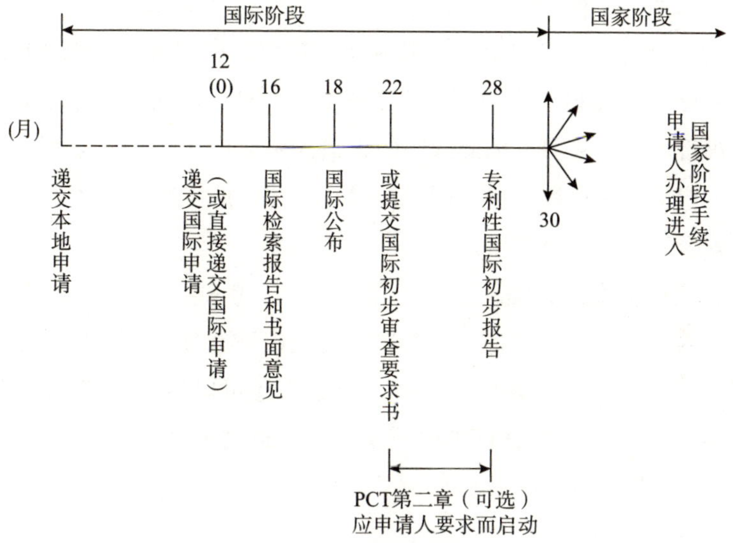

图 3－1　PCT 申请具体流程

1. 国际阶段程序

（1）专利保护的客体。

在任何缔约国，发明或实用新型的申请都可以通过 PCT 提出国际申请。但是，外观设计和商标不能通过 PCT 得到保护。

（2）申请人资格。

PCT 或者《巴黎公约》的缔约国的国民或居民可以提出 PCT 申请。中国国家知识产权局作为受理局，只接受中国的国民或居民提出的国际申请，国际申请中有多个申请人时，至少有一个申请人的国籍或居所是中国，就认为已满足要求。

在我国，申请人只要满足以下条件之一，即可向中国国家知识产权局提出 PCT 国际申请：

①中国的公民或中国法人。

②在中国境内有长期居所的外国人或在中国工商部门注册的外国法人。

若有多个申请人，只要其中一个申请人有资格即可。针对不同的国家可以指定不同的申请人。

（3）接收 PCT 申请的单位。

申请人应当向规定的受理局提出 PCT 申请。中国国家知识产权局作为受理局，可以接收 PCT 申请文件、审查受理条件、确定国际申请日、对申请文件进行形式审查等。因此我国的申请人可以向中国国家知识产权局提出申请。申请人也可以直接向国际局提交申请，但应符合《专利法》中有关国家安全许可的保密规定。

（4）文件提交的方式。

申请人可以面交、邮寄、传真方式提交申请文件，送达地址为中国国家知识产权局专利局受理处 PCT 组。申请人还可以通过 PCT－SAFE 提交申请文件，也可以通过 CEPCT 电子申请网站或者 CEPCT 离线客户端提交申请文件和中间文件。

（5）国际检索。

每件 PCT 国际申请都应经过国际检索。申请人按规定缴纳了检索费，就会启动检索。只要是中国国家知识产权局受理的 PCT 国际申请，国际检索就由作为国际检索单位的中国国家知识产权局承担。国际检索的目标是努力发现相关的现有技术。经检索后，申请人将得到一份国际检索报告和一份书面意见。检索报告将列出相关的对比文献，书面意见则对要求保护的发明创造是否具有新颖性、创造性、工业实用性提出初步的、无约束力的意见。但是当发生以下情形之一时，中国国家知识产权局可以宣布不制定国际检索报告：

①涉及的主题按规定不要求进行检索；

②说明书、权利要求书或附图不符合要求，以至于无法进行有意义的检索；

③未在规定期限内提交电子形式序列表；等等。

自国际检索单位收到检索本起三个月或者自优先权日起九个月内，以后到期的期限为准，国际检索单位会制定检索报告或在某些情况下宣布不制定检索报告。检索报告或宣布将传送给国际局和申请人。中国国家知识产权局是国际检索单位，凡是中国国家知识产权局受理的国际申请或者由国籍和居所是中国的申请人向国际局提出的国际申请，其检索都在中国国家知识产权局进行。

（6）国际公布。

自优先权日起 18 个月届满时，国际局将对国际申请进行国际公布，出版物有两种：小册子和公报。公布形式为电子形式。

（7）国际初步审查。

国际初步审查程序不是自动进行的必须程序，而是当申请人提交了国际初步审查要求书并缴纳了相应的费用时才启动的程序。专利局将按照《专利法》及《专利法实施细则》中规定的其他要求对国际申请日、发明名称、发明人、申请人、审查基础文本声明及修改文件、优先权、援引加入、不丧失新颖性的公开、生物材料样品保藏事项、遗传资源、申请文件等信息进行审查。初步审查合格的发明专利申请将进行国家公布，实用新型专利申请将由实用新型审查员继续进行审查。在该阶段，申请人可对其申请文件进行主动修改，也可能会收到国际初步审查单位发出的书面意见，申请人可以陈述自己的观点或进行修改。在优先权日起 28 个月届满时，国际初步审查单位会制定国际初步审查报告，并传送给申请人和国际局。

2. 国家阶段程序

国际申请希望在中国获得专利保护的，申请人应当按照规定办理进入国家阶段的手续，从而启动国家阶段的程序，专利局不会自行启动国家阶段的程序。国际申请在中国没有效力或者在中国的效力丧失的，不能进入国家阶段。

申请人应当根据 2010 年修订的《专利法实施细则》第一百零三条、第一百零四条的规定办理进入国家阶段的手续，即在规定的期限内提交规定的文件和缴纳规定的费用。期限、文件、费用等不符合的申请将不予进入中国国家阶段。

办理进入国家阶段手续的国际申请满足进入国家阶段的最低要求后，专利局还将按照《专利法》及《专利法实施细则》中规定的其他要求对国际申请日、发明名称、发明人、申请人、审查基础文本声明及修改文件、优先权、援引加入、不丧失新颖性的公开、生物材料样品保藏事项、遗传资源、申请文件等信息进行审查。初步审查合格的发明专利申请将进行国家公布，实用新型专利申请将由实用新型审查员继续进行审查。

对符合《专利法》及《专利法实施细则》的规定进入中国国家阶段要求获得发明专利保护的国际申请，专利局予以国家公布后将进行实质审查。

进入国家阶段要求获得实用新型或发明专利保护的国际申请，经过上述流程未发现驳回理由的，专利局将发出授权通知书和办理登记手续通知书[①]。

五、PCT 协作式检索和审查

1. 项目概念

PCT 协作式检索和审查（以下简称 CS&E）是在 PCT 平台下开展的一项新业务试点。

CS&E 是指：由处于不同地区、使用不同语言的不同局的审查员协作完成一件 PCT 申请的国际检索与审查工作，产生一份共同的检索报告，并且由一个主审查员负责撰写书面意见。CS&E 是中美欧日韩知识产权五局（IP5）在 PCT 平台下开展的一项试点性新业务，本次试点于 2018 年 7 月 1 日启动，先行接收英文 PCT 申请参与本次试点。2019 年 3 月 1 日，国家知识产权局启动试点向非英语语言扩展方案，开始接受中文 PCT 申请参与本次试点。

该项目由申请人驱动，评估相对于标准的国际检索，申请人对高质量且收费较高的检索报告的真实兴趣，同时还将在试点过程中更多地考虑采用信息化技术支持审查员之间的数据传输和沟通交流，搭建有效的国际化审查实践交流平台。

2. CS&E 申请须知

CS&E 请求是指，申请人依据有关 CS&E 第三期项目试点合作的方案，在向中国国家知识产权局提出 PCT 电子申请的同时一并提交的请求，要求

---

① 汪涛. PCT 有关标准的研究［J］. 2016 年度一般课题研究报告.

该PCT电子申请参与CS&E第三期试点项目。

CS&E申请是指，被中国国家知识产权局批准参与CS&E项目试点的PCT国际申请。

中文PCT申请参与试点请求自2019年3月1日起可提交。鉴于试点每年接受CS&E案件的额度为50件，且国家知识产权局已接受了42件CS&E案件，2019年3月1日至6月30日，国家知识产权局仅接受10件中文PCT申请参与试点，每个申请人不得超过2件。

2019年7月1日起，国家知识产权局开始接受试点第二年的CS&E案件，届时将同时接受中文和英文PCT申请参与试点，中文PCT申请参与本次试点需满足以下要求：（1）相关中文PCT国际申请需直接向国家知识产权局提出，试点请求表和国际申请应以电子申请形式，在CEPCT客户端上提交；（2）试点请求表需在提交相关中文PCT国际申请的同时，在CEPCT客户端上勾选提交；（3）由于英文是本试点的主审局和参审局协作的工作语言，因此申请人还需在提交该中文PCT国际申请之日起一个月内提交该申请的相关英文译文。为了保证协作审查顺利开展，建议申请人在提交申请的同时，提交相关译文文件，并确保译文质量。受本试点额度限制，较早提交满足质量要求英文译文者将被优先批准参与试点。

申请如发生以下情形将不允许参与试点项目：（1）涉及申请文件项目或内容缺失的PCT申请；（2）申请人在提交申请后要求新增或改正优先权请求的；（3）PCT申请提交之日起一个月内未缴纳或缴足费用的；（4）中文PCT申请的相关英文译文未达到翻译标准，或未在国际申请提交之日起一个月内提交的。

对于已受理的CS&E请求，国家知识产权局审查后，如该CS&E请求满足要求，相关申请将进入CS&E项目试点流程，并向申请人发出PCT/ISA/224通知书。对于已允许参与本次试点的中文PCT申请，在五局协作审查完成后，相关申请最终的国际检索报告（PCT/ISA/210表或PCT/ISA/203表）和书面意见（PCT/ISA/237表）将以中文书就。如该CS&E请求不满足要求，相关申请将转为常规PCT案件处理，并向申请人发出PCT/ISA/224通知书，指明CS&E请求存在的缺陷。

六、中欧两局专利合作条约国际检索单位试点项目

中国国家知识产权局和欧洲专利局试点项目于2020年12月1日启动，中华人民共和国的国民和居民按照PCT途径以英文提交的国际申请将可以选择欧洲专利局作为国际检索单位，为期两年，该项目针对向中国国家知识产权局或世界知识产权组织国际局作为受理局提交的PCT国际申请，试点将设置配额，第一年的最高申请总量为2500件，第二年为3000件。

在试点项目的过渡阶段，向中国国家知识产权局提交的且选择欧洲专利局作为国际检索单位的国际申请，申请人应直接向欧洲专利局以欧元缴纳国际检索费。在不久的将来，试点项目计划实现申请人向中国国家知识产权局提交国际申请时直接以人民币缴纳国际检索费。

申请人是中华人民共和国的国民或居民且国际检索由欧洲专利局作为国际检索单位做出的国际申请的国际初步审查请求应向欧洲专利局提交，并根据PCT第二章直接向欧洲专利局缴纳相关费用。

欧洲专利局为申请人提供国际检索报告和书面意见，对发明的可专利性给出清晰的评估意见，从而为申请人及时地判断是否根据PCT途径进入各国家/地区阶段（特别是欧洲地区阶段）提供基础。另外，持有欧洲专利局出具的国际检索报告和书面意见且希望加快申请进程的中国申请人可以提出早期审查请求，提前进入欧洲地区阶段，不需要进行欧洲补充检索。

1. 申请条件

（1）提交和受理。

向中国国家知识产权局提交并选择欧洲专利局作为国际检索单位的PCT国际申请，必须为电子申请，即必须经由CEPCT离线客户端或CEPCT电子申请网进行提交。

提交选择欧洲专利局作为国际检索单位的PCT国际申请时，应在提交申请界面选择“EP”作为检索单位。同时应注意，试点期间对欧洲专利局作为国际检索单位的选定仅能在提交新申请时选择，且后续不接受国际检索单位的变更。

（2）语言要求。

试点仅接受英文提交的 PCT 国际申请，即只有 PCT 国际申请的语言为英文时，才能选择欧洲专利局作为国际检索单位。

2. 中国国家知识产权局作为主管受理局的审查流程

对于选择欧洲专利局作为国际检索单位的 PCT 国际申请，受理局的审查标准与流程不变。受理审查完成后，检索本及有关文件将通过世界知识产权组织国际局传送至欧洲专利局。

3. 费用缴纳

参与试点申请不收取额外费用，申请人应按照 PCT 实施细则第 15 条和第 16 条的规定，按期足额缴纳国际申请费和检索费。

国际申请费：中国国家知识产权局作为主管受理局，代表世界知识产权组织国际局收取，金额为 1 330 瑞士法郎（CHF），申请文件超过 30 页的，每页加收 15 瑞士法郎（CHF）。参与试点的申请适用于 PCT 细则费用表中关于费用减免的要求。

国际检索费：选择欧洲专利局作为国际检索单位，国际检索费金额目前为 1 775 欧元（EUR）。

4. 欧洲专利局作为主管国际检索单位的审查流程

对于选择欧洲专利局作为国际检索单位的 PCT 国际申请，申请人应当直接向欧洲专利局递交应向国际检索单位提交的有关文件，例如明显错误更正请求及更正文件、单一性的异议请求等。

应由国际检索单位收取的费用，例如检索附加费、异议费、后提交费等，应按照欧洲专利局的缴费标准和缴费要求，直接向欧洲专利局缴纳。

申请人可以通过注册欧洲专利局邮箱服务获取电子形式的国际检索报告及书面意见。否则，欧洲专利局将默认邮寄国际检索报告和书面意见；对于注册了 WIPO ePCT 账号的申请人在获得纸件国际检索报告和书面意见的同时，还可以通过 ePCT 获取国际检索报告和书面意见的电子版副本。

5. 欧洲专利局作为主管国际初步审查单位的审查流程

对于选择欧洲专利局作为国际检索单位的 PCT 国际申请，根据国际单位与国际局之间的协议内容，应选择欧洲专利局作为国际初审单位。

对于选择欧洲专利局作为国际初审单位的 PCT 国际申请，应向欧洲专利局提交国际初步审查要求书（PCT/IPEA/401）以及其他有关文件，例如向国际初审单位提出的基于条约34条修改的文件，明显错误更正请求及更正文件、单一性的异议请求等。

国际初步审查要求书可通过手写、邮寄、传真或在线方式提交。如果通过邮寄方式提交，建议邮寄到下方地址：

欧洲专利局（European Patent Office）

0298 慕尼黑（Munich）

德国（Germany）

传真号码 +49 -89 -2399 -4465

第二节 《巴黎公约》专利申请

一、《巴黎公约》专利申请概述

《巴黎公约》于1883年3月20日在巴黎签订，1884年7月7日生效，适用于最广义的工业产权，包括专利、商标、工业品外观设计、实用新型、服务商标、厂商名称、地理标志以及制止不正当竞争。本项国际协议是帮助创作者在别国确保自己的智力作品受到保护的首要一步。

《巴黎公约》的基本目的是保证一成员国的工业产权在其他成员国都得到保护，该公约与《保护文学和艺术作品伯尔尼公约》一起构成了世界范围内保护经济“硬实力”和文化“软实力”的两个“基本法”。该公约最初的成员国为11个，截至2017年5月14日，该公约缔约方总数已经达到177个国家，1985年3月19日中国成为该公约成员国，中国政府在加入书中声明：中华人民共和国不受公约第28条第1款的约束。在加入该公约前后，我国还先后制定了与之相配套的诸如《中华人民共和国商标法》《中华人民共和国专利法》《中华人民共和国反不正当竞争法》《中华人民共和国消费者权益保护法》《中华人民共和国广告法》等法律，与其相配套。

由于各成员国间的利益矛盾和立法差别，《巴黎公约》未能制定统一的工业产权法，而是以各成员国内立法为基础进行保护，因此它没有排除专利权效力的地域性。公约在尊重各成员国内立法的同时，规定了各成员国必须共同遵守的几项基本原则，以协调各成员国的立法，使之与公约的规定相一致。

二、《巴黎公约》专利申请的基本原则

1. 国民待遇原则

在工业产权保护方面，公约各成员国必须在法律上给予公约其他成员国相同于该国国民的待遇；即使是非成员国国民，只要他在公约某一成员国内有住所，或有真实有效的工商营业所，亦应给予相同于该国国民的待遇。

2. 优先权原则

《巴黎公约》规定凡在一个缔约国申请注册的商标，可以享受自初次申请之日起为期 6 个月的优先权，即在这 6 个月的优先权期限内，如申请人再向其他成员国提出同样的申请，其后来申请的日期可视同首次申请的日期。优先权的作用在于保护首次申请人，使他在向其他成员国提出同样的注册申请时，不致由于两次申请日期的差异而被第三者钻空子抢先申请注册。发明、实用新型和工业品外观设计的专利申请人从首次向成员国之一提出申请之日起，可以在一定期限内（发明和实用新型为 12 个月，工业品外观设计为 6 个月）以同一发明向其他成员国提出申请，而以第一次申请的日期为以后提出申请的日期。其条件是，申请人必须在成员国之一完成了第一次合格的申请，而且第一次申请的内容与日后向其他成员国所提出的专利申请的内容必须完全相同。

3. 独立性原则

申请和注册商标的条件，由每个成员国的国内法决定，各自独立。对成员国国民所提出的商标注册申请，不能以申请人未在该国申请、注册或续展为由而加以拒绝或使其注册失效。在一个成员国正式注册的商标与在其他成员国（包括申请人所在国）注册的商标无关。这就是说，商标在一

成员国取得注册之后，就独立于原商标，即使原注册国已将该商标予以撤销，或因其未办理续展手续而无效，但都不影响它在其他成员国所受到的保护。同一发明在不同国家所获得的专利权彼此无关，即各成员国独立地按该国的法律规定拒绝、撤销、终止某项发明专利权，不受其他成员国对该专利权处理的影响。这就是说，已经在一成员国取得专利权的发明，在另一成员国不一定能获得；反之，在一成员国遭到拒绝的专利申请，在另一成员国则不一定遭到拒绝。

4. 强制许可专利原则

《巴黎公约》规定：各成员国可以采取立法措施，规定在一定条件下可以核准强制许可，以防止专利权人可能对专利权的滥用。某一项专利自申请日起的四年期间，或者自批准专利日起三年期内（两者以期限较长者为准），专利权人未予实施或未充分实施，有关成员国有权采取立法措施，核准强制许可证，允许第三者实施此项专利。如在第一次核准强制许可特许满二年后，仍不能防止赋予专利权而产生的流弊，可以提出撤销专利的程序。《巴黎公约》还规定强制许可，不得专有，不得转让；但如果连同使用这种许可的那部分企业或牌号一起转让，则是允许的。

三、《巴黎公约》专利申请中的重要条款

1. 商标的使用

《巴黎公约》规定，某一成员国已经注册的商标必须加以使用，只有经过一定的合理期限，而且当事人不能提出其不使用的正当理由时，才可撤销其注册。凡是已在某成员国注册的商标，在一成员国注册时，对于商标的附属部分图样加以变更，而未变更原商标重要部分，不影响商标显著特征时，不得拒绝注册。如果某一商标为几个工商业公司共有，不影响它在其他成员国申请注册和取得法律保护，但是要以不欺骗公众和不造成违反公共利益为前提。

2. 驰名商标的保护

无论驰名商标本身是否取得商标注册，公约各成员国都应禁止他人使用相同或类似于驰名商标的商标，拒绝注册与驰名商标相同或类似的商

标。对于以欺骗手段取得注册的人，驰名商标的所有人的请求期限不受限制。

3. 商标权的转让

如果其成员国的法律规定，商标权的转让应与其营业活动一并转让方为有效，则只需转让该国的营业活动就足以认可其有效，不必将所有国内外经营活动全部转让。但这种转让应以不会引起公众对贴有该商标的商品来源、性质或重要品质发生误解为条件。

4. 展览产品的临时保护

公约成员国应按其法律对在公约各成员国领域内举办的官方或经官方认可的国际展览会上展出的产品所包含的专利和展出产品的商标提供临时法律保护。

四、《巴黎公约》专利申请对我国的意义

加入《巴黎公约》，对我国的专利申请具有重大意义。

（1）对我国的知识产权法律制度建设，对充分运用知识产权制度促进经济、科技的发展等方方面面都产生了巨大的影响。

（2）为我国 1985 年 4 月 1 日实施《专利法》创造了条件。如果没有加入《巴黎公约》，《专利法》中设置的优先权等制度实际上是无法实现的。

（3）为我国参加其他相关的知识产权国际公约（特别是《巴黎公约》的十余个子公约）铺平了道路。

（4）为我国企业走向世界，在国际范围内谋求知识产权（主要是专利权、商标权、商号权等工业产权）的保护提供了有力保障。

（5）有力推动了我国的招商引资、改革开放。

五、中韩联合检索（CSP）

中韩联合检索试点（Collaborative Search Pilot，以下简称 CSP）项目是中国国家知识产权局和韩国特许厅针对《巴黎公约》路径的发明专利申请

开展的一项试点性新业务。

联合检索的概念是对于申请人通过《巴黎公约》路径向两局提出的同族申请，两局的审查员分别进行检索并且交换检索报告，后续各自独立完成审查。

根据中韩两局局长在 2018 年 10 月 30 日签署的《第 24 次中韩两局局长会议会谈纪要》，两局将于 2019 年 1 月 1 日启动中韩 CSP 项目。本次试点项目中，为了解用户对于 CSP 项目服务的真实兴趣，参与本次试点的中韩发明专利申请将由用户主动选择提出。欲参加本次试点项目的申请人需在规定的时机内使用标准的请求表提出参与试点的请求，请求必须向中韩两局分别提出。参与本试点的标准的请求表将在中国国家知识产权局官方网站上提供。自 2019 年 1 月 1 日起，申请人可参与本试点的请求。每个申请人参与本次试点的申请将设有数量上限。中韩 CSP 项目流程如图 3 – 2 所示。

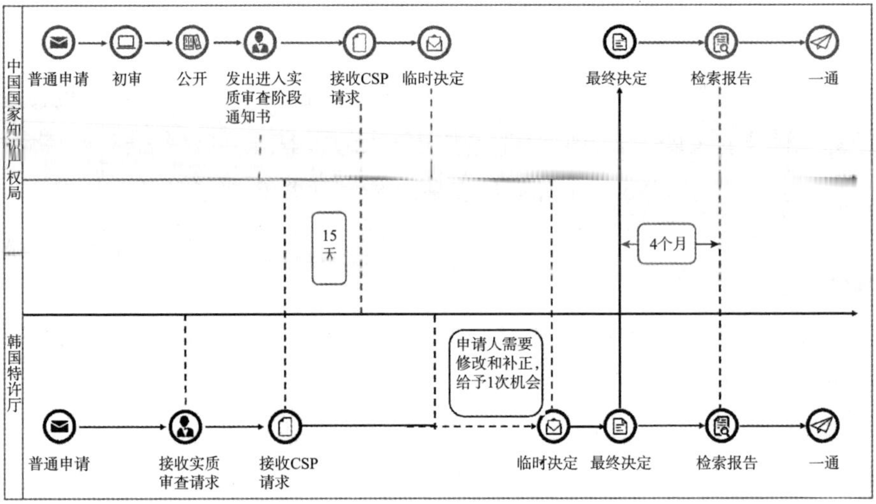

图 3 – 2　中韩 CSP 项目流程

申请人向中韩两局分别提出 CSP 请求时，从较晚收到请求的局收到日起，两局将开始审查并作出是否同意案件加入 CSP 项目的决定。如果请求人提交的材料不符合要求可以补正，只有中韩双方都同意案件参加 CSP 项目，案件才可被批准参与 CSP 项目。申请人将收到同意案件加入 CSP 项目的最终决定。如果申请未被允许，申请人将收到中韩两局分别发出的拒绝案件加入 CSP 项目的最终决定。

案件成功参加 CSP 项目后，中韩两局审查员将分别进行检索，并且自最终决定作出日 4 个月内完成检索报告的交换，国家知识产权局将自检索报告交换完成后 1 个月内发出中文检索报告和第一次审查意见通知书。

经过磋商，中韩双方一致同意以下加入条件。

（1）《巴黎公约》途径下向中韩两局提交的申请具有相同的最早日（申请日或优先权日）。

（2）CSP 请求应当在 15 天之内向两局分别提出。

提交 CSP 请求的申请必须为电子申请，申请人向中国国家知识产权局提交 CSP 请求必须使用专用制式请求表，还需同时提交对应韩国申请权利要求书原文及其中文译文，所有材料均使用 tif 格式，并发送至专用邮箱 csp@ cnipa. gov. cn，不满足以上条件者，该请求不予受理。

（3）CSP 请求时机。提出 CSP 请求必须在中国国家知识产权局发出进入实质审查阶段通知书之后，在向韩国特许厅提出实质审查之时或之后，且实质审查阶段审查员尚未开始审查。

申请人可以通过中国及多国专利审查信息查询系统（http：//cpquery. cnipa. gov. cn）查询确认申请是否已经在实审部门开始审查。

（4）一件 CSP 请求应当基于一件单独申请。

（5）中韩两局申请的权利要求应当完全一致。

权利要求的数量、类型和内容应当完全一致。对于请求参与试点项目的申请，申请人提交 CSP 请求表时还需同时提交对应韩国申请权利要求书原文及其中文译文并且在请求表中签字承诺中韩两局对应申请权利要求书内容完全一致。

如果申请人未及时提交上述文件或请求表填写不合格，且未在期限内补正或补正不合格，则不接受该申请参与 CSP 项目。

申请人主动提交修改文件需满足 2010 年修订的《专利法实施细则》第五十一条规定的时机，即申请人在收到发明专利申请进入实质审查阶段通知书之日起的 3 个月内提出主动修改，否则该修改将不被接受作为 CSP 项目的审查基础。同时，权利要求主动修改文件的提交日应当不晚于 CSP

请求日。

申请人参与 CSP 项目的请求获得批准后、收到实质审查阶段审查员的第一次通知书之前，对权利要求进行修改，将会取消本申请参与 CSP 项目的资格，并影响申请人今后参与 CSP 项目。

（6）CSP 请求超过 400 件数后试点项目中止。

提交 CSP 请求的申请人应为中韩同族专利申请人或共同申请人的一部分。中韩两国申请人任意一方提交请求达到 200 件后，不再接受该国申请人的请求，第三国请求达到 100 件后，不再接受第三国请求，任一申请人请求达到 50 件后，不再接受该申请人请求，总量达到 400 件后，试点项目中止，不再接受新的请求。申请人国籍以请求表中的信息为准，如果有多个申请人，以第一申请人为准。以上所有数量以请求次数为准。

每件案件申请人有两次提交 CSP 请求的机会，如两次都失败则对该申请不可再提出 CSP 请求。

第三节　专利申请的绿色通道

一、专利审查高速路

1. 专利审查高速路概述

专利审查高速路（Patent Prosecution Highway，以下简称 PPH）是对国外申请的优先审查通道，是指申请人提交首次申请的专利局（OFF）认为该申请的至少一项或多项权利要求可授权，只要相关后续申请满足一定条件，包括首次申请和后续申请的权利要求充分对应、OFF 工作结果可被后续申请的专利局（OSF）获得等，申请人既可以 OFF 的工作结果为基础，请求 OSF 加快审查后续申请。

2. 专利审查高速路须知

（1）PPH 申请的途径。

PPH 申请的途径目前包括两种类型：其一为常规通过《巴黎公约》途

径提交的 PPH 请求；其二为通过 PCT 提交的 PPH 请求，如图 3－3 所示。PPH 能够实现 PPH 案件的加快审查，缩短审查周期，降低申请人答复通知书的次数和节约审查成本，同时提高审查结果的可预见性，保证了 PPH 申请授权质量。

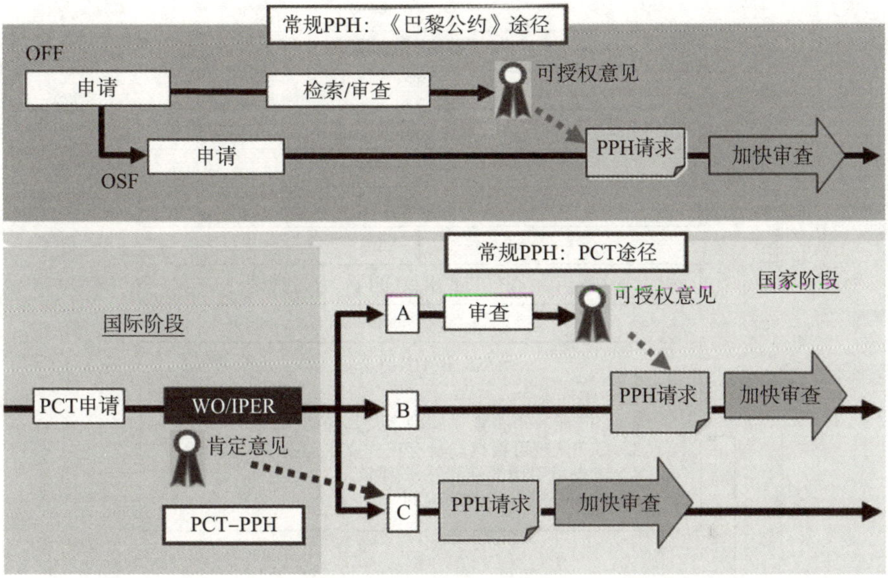

图 3－3 PPH 申请途径

目前中国已和美国、日本、韩国、欧洲等 20 多个国家和地区开通 PPH 试点项目合作。向专利局提交 PPH 请求依据《在 SIPO 与 PPH 伙伴局专利审查高速路（PPH）试点项目下向中国国家知识产权局（SIPO）提出 PPH 请求的流程》办理。各项目流程参见国家知识产权局官网“专利审查高速路（PPH）专栏”。

申请人应当通过中国专利电子申请系统客户端提交 PPH 请求文件，专利局通过专利电子申请系统接收 PPH 请求。

（2）PPH 申请的条件。

申请人在首次申请受理局（IP5 试点项目下指首次审查局）提交的专利申请（简称对应申请）中所包含的至少一项或多项权利要求被确定为可授权或具有可专利性时，可以向后续申请受理局（IP5 试点项目下指后续审查局）提出 PPH 请求，以加快后续申请的审查。中国专利申请作为后续申请，当满足下列条件时，申请人可以针对该中国专利申请提出参与 PPH 试点项目请求，PPH 申请条件审核流程如图 3－4 所示。

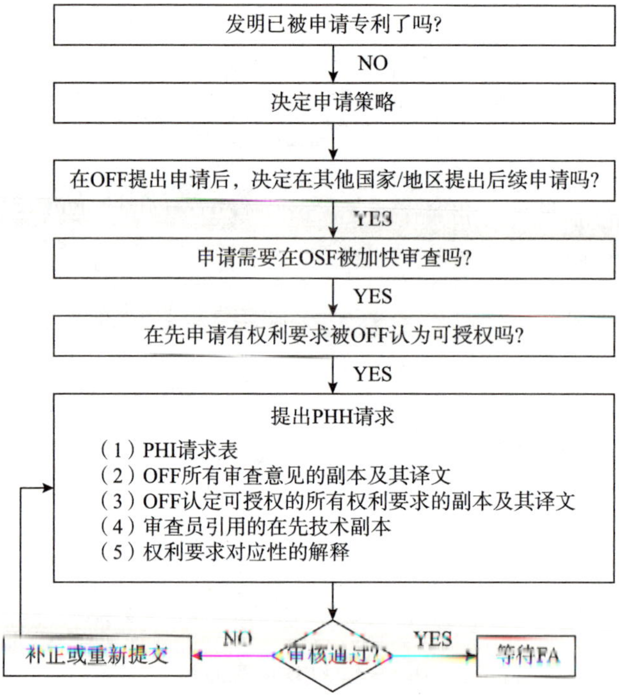

图 3－4　PPH 申请条件审核流程

①提出参与 PPH 试点项目的申请应当是发明专利申请（包括 PCT 国家阶段发明专利申请），且该发明专利申请必须是电子申请。

②提出 PPH 请求的时机必须同时满足以下条件。

第一，申请人在提出 PPH 请求之前或之时必须已经收到专利局作出的《发明专利申请公布通知书》。

第二，申请人在提出 PPH 请求之前或之时必须已经收到专利局作出的《发明专利申请进入实质审查阶段通知书》。注意，一个允许的例外情形是，申请人可以在提出实质审查请求的同时提出 PPH 请求。

第三，申请人在提出 PPH 请求之前及之时尚未收到专利局实质审查部门作出的审查意见通知书。

第四，同一申请最多有两次提交 PPH 请求的机会。

③本发明专利申请与对应申请之间的关系要符合《在 SIPO 与 PPH 伙伴国专利审查高速路（PPH）试点项目下向中国国家知识产权局（SIPO）提出 PPH 请求的流程》的要求。

④对应申请中具有一项或多项被该对应申请审查局认定为可授权/具有可专利性的权利要求。

⑤本发明专利申请的所有权利要求（在试点项目下请求加快审查），无论是原始提交的或者是修改后的，必须与对应申请审查局认定为可专利性/可授权的一个或多个权利要求充分对应。

（3）PPH 申请需提交的材料。

申请人提出 PPH 请求，应当提交《参与专利审查高速路项目请求表》，并且相应文件必须随附《参与专利审查高速路项目请求表》一并提交。注意，即使某些文件不必提交，其文件名称亦必须列入《参与专利审查高速路项目请求表》中，具体可以不必提交的文件请参见国家知识产权局与伙伴局签订的《在 SIPO 与 PPH 伙伴国专利审查高速路（PPH）试点项目下向中国国家知识产权局（SIPO）提出 PPH 请求的流程》。

①对于常规 PPH，应提交对应申请审查局就对应申请作出的所有审查意见通知书（与对应申请审查局关于可专利性的实质审查相关，包括任何形式的检索报告、检索意见）的副本及其译文；对于 PCT－PPH，应提交认为权利要求具有可专利性/可授权的最新国际工作结果的副本及其中文或英文译文。

②对于常规 PPH，应提交对应申请中被对应申请审查局认定为具有可专利性/可授权的所有权利要求的副本及其中文或英文译文；对于 PCT－PPH，应提交被最新的国际工作结果认为具有可专利性/可授权的权利要求的副本及其中文或英文译文。

③提交对应申请审查局引用文件的副本或者对应的国际申请的最新国际工作结果中引用文件的副本。

④对应申请审查局审查员引用文件的副本。

（4）PPH 申请的优势。

申请人提出 PPH 请求，相对于常规申请具有如下优势。

①在目前已启动的 PPH 试点项目中，除在 KIPO 提出 PPH 请求需要缴纳请求费外，在其他提供 PPH 服务器的专利局提出 PPH 请求均无须缴纳 PPH 请求费，申请费用低。

②申请被加快审查，可更迅速地获知审查意见。

③申请成本降低，答复审查意见通知书次数减少。

④申请被授予专利权的可能性增加。

二、优先审查

1. 专利优先审查概述

发明专利优先审查（简称国内优先审查）是国家知识产权局于 2012 年起实施的一项新的审查制度，其目的是促进产业结构优化升级，推进国家知识产权战略实施，加快建设创新型国家。为了促进产业结构优化升级，推进国家知识产权战略实施和知识产权强国建设，服务创新驱动发展，完善专利审查程序，国家知识产权局于 2017 年 8 月 1 日施行《专利优先审查管理办法》（2017）（局令第 76 号）（以下简称《管理办法》）。依据该办法，专利申请人可以要求优先审查其专利申请。通过本章，优先审查请求人将可以了解专利申请优先审查适用的情形，以及如何启动专利申请优先审查程序。

在正常的审查程序中，专利申请遵循按序审查原则。专利申请的优先审查，是专利局依据《管理办法》，对符合规定的专利申请提供的快速审查通道。将战略性新兴产业中的重要申请明确为优先审查的对象，是审查工作的重要组成部分。一般而言，优先审查案件涉及高端、低碳、新型等对国家利益或者公共利益具有重大意义的技术领域的重要专利申请。对优先审查案件进行客观、公正的审查，对鼓励发明创新、促进经济发展、推动创新驱动发展战略、让知识产权通过市场迸发出正能量具有重要的战略指导意义。

为了有效利用当前已经十分紧张的审查人力资源，同时为了将快速审查资源运用到各地更加重要和紧迫的产业或技术项目上，《管理办法》规定申请人应当首先向国务院相关部门或省级知识产权局申报，经由国务院相关部门或者省级知识产权局审核同意并推荐，而后向专利局提出专利申请优先审查请求[①]。

2. 专利优先审查申请须知

（1）优先审查适用范围。

专利优先审查受理类型包括以下4种情形：实质审查阶段的发明专利申请；实用新型和外观设计专利申请；发明、实用新型和外观设计专利申请的复审；发明、实用新型和外观设计的无效宣告。

其中，实质审查阶段的发明专利申请、实用新型专利申请、外观设计专利申请由专利局初审部受理。专利申请复审、专利无效宣告的优先审查由国务院专利行政部门受理。

依据《管理办法》，对符合规定的发明、实用新型、外观设计专利申请提供的快速审查通道。从支持地方经济建设、鼓励优势产业发展角度考虑，增加了各省级和设区的市级人民政府重点鼓励的产业；在新一代技术革命中蓬勃发展的互联网、大数据、云计算等前沿热点领域，技术更新迭代快、产品生命周期短，对涉及的专利申请进行优先审查能够更好地满足该领域创新主体"快获权"的需求；从尽快确定权利状态、有效保护权利人利益角度考虑，对申请人或者请求人已经做好实施准备或者已经开始实施，或者有证据证明他人正在实施其发明创造的申请也需要进行优先审查。因此，《管理办法》中规定的专利申请、专利复审案件的优先审查适用于以下6种情形。

①涉及节能环保、新一代信息技术、生物、高端装备制造、新能源、新材料、新能源汽车、智能制造等国家重点发展产业；

②涉及各省级和设区的市级人民政府重点鼓励的产业；

③涉及互联网、大数据、云计算等领域且技术或者产品更新速度快；

④专利申请人或者复审请求人已经做好实施准备或者已经开始实施，或者有证据证明他人正在实施其发明创造；

⑤就相同主题首次在中国提出专利申请又向其他国家或者地区提出申请的该中国首次申请；

① 吴宏川. 我国绿色专利快速审查制度研究［D］. 兰州理工大学，2017：15-16.

⑥其他对国家利益或者公共利益具有重大意义需要优先审查。

专利申请人可以对专利申请、专利复审案件提出优先审查请求，当申请人为多个时，应当经全体申请人或者全体复审请求人同意；无效宣告请求人或者专利权人可以对专利权无效宣告案件提出优先审查请求，当专利权人为多个时，应当经全体专利权人同意。

此外，为了加快专利侵权纠纷的解决，处理、审理涉案专利侵权纠纷的地方知识产权局、人民法院或者仲裁调解组织可以对专利权无效宣告案件提出优先审查请求。

（2）优先审查流程。

申请人办理优先审查程序，需要满足三方面的手续要求，包括专利申请的申请方式、优先审查请求时机、优先审查请求手续文件。

①请求优先审查专利申请的申请方式。

为了切实提高优先审查的效率，《管理办法》第 7 条规定，请求优先审查的专利申请应当采用电子申请方式。建议申请人采用 XML 格式文件的电子申请，该格式文件的电子申请有利于规范化管理，并能充分保证专利申请在整个流程的快速、准确；而对于 PDF 格式或 Word 格式文件，系统需要时间转换为审查用的 XML 格式文件，将影响整个审查周期。

对于专利申请的申请方式是纸件申请的情况，首先应当转成电子申请，转换成功后才能办理优先审查请求手续。纸件申请转成电子申请，主要有三个步骤，包括：注册成为电子申请用户；下载电子申请客户端，获取数字证书；在客户端提出纸件申请转电子申请的请求。

②优先审查的请求时机。

发明专利申请的优先审查主要是针对实质审查程序阶段的加速，即申请人启动发明专利申请优先审查程序的最佳时机是专利申请公开之后、刚进入实质审查程序时。申请人收到了专利局发出的发明专利进入实质审查程序通知书，或者是发明专利公布及进入实质审查程序通知书，则标志着发明专利申请已经启动了实质审查程序。

除了通过在实质审查阶段启动优先审查程序实现加快审查以外，在其他审查阶段也可以通过正确的操作有效缩短审查时间。例如：对于发明专利申请尚未公开的，申请人应当提交请求提前公布声明；专利申请公开后，尚未进入实质审查程序的，申请人应当尽快办理进入实质审查程序的手续，即提交实质审查请求书、缴纳实质审查费。

对于实用新型、外观设计专利申请人请求优先审查的，应当在申请人完成专利申请费缴纳后提出。

三、知识产权保护中心专利快速预审

1. 专利快速预审概述

为深入贯彻党中央、国务院关于严格知识产权保护的决策部署，积极推进知识产权严保护、大保护、快保护、同保护，按照《国家知识产权局关于印发〈关于严格专利保护的若干意见〉的通知》（国知发管字〔2016〕93 号）和《国家知识产权局关于开展知识产权快速协同保护工作的通知》（国知发管字〔2016〕92 号）的有关工作要求，统筹推进知识产权保护中心（以下简称保护中心）建设。

保护中心围绕产业创新发展的重大需求，开展集快速审查、快速确权、快速维权于一体，审查确权、行政执法、维权援助、仲裁调解、司法衔接相联动的产业知识产权快速协同保护工作。

2. 专利快速预审申请须知

（1）快速预审适用范围。

保护中心根据批复文件中所明确的产业领域，结合本地相关知识产权实际需求，向国家知识产权局提交拟开展快速预审服务的技术领域，经国家知识产权审定后确定最终的技术领域。

保护中心应当对拟进入快速审查通道的企业、高校、科研院所等进行备案管理，并将名单上报国家知识产权局专利局。对于未备案的企事业单位，保护中心不得通过快速审查通道将其专利申请提交至国家知识产权局专利局。备案主体应为在保护中心所服务区域内进行登记注册的企事业单位。备案主体的主要生产、研发或经营方向，应属于保护中心所服务的产业领域。

（2）快速预审流程。

①专利申请快速预审服务。

申请人提交申请文件至保护中心，保护中心预审的主要内容包括对拟提交的专利申请进行初步分类，判定是否属于保护中心服务的技术领域范围；对拟提交的专利申请文件的形式和内容进行审查，判定拟提交的专利申请是否涉及国家安全或者重大利益且存在低质量问题；对拟提交的发明专利申请的单一性和新颖性进行审查。

根据预审情况，形成保护中心的预审结论。如存在缺陷，则将缺陷告知申请人并要求申请人对申请文件进行修改以消除缺陷。

对于通过保护中心预审合格的拟提交的专利申请，申请人将向国家知识产权局专利局正式提交，获得专利申请号后应立即完成网上缴费并于当日内将专利申请号提交至保护中心。如果拟提交的专利申请未通过保护中心预审，申请人可按照普通程序向国家知识产权局专利局提交申请。

保护中心对已正式向国家知识产权局专利局提交的专利申请（已获得专利申请号）进行审查，审核合格后，在专利审查系统中对专利申请号进行标注提交。

②专利复审及无效宣告请求快速预审服务。

当事人提交专利复审/无效宣告请求相关文件至保护中心。复审案件的预审内容主要包括：复审请求人的复审请求客体、复审请求人资格、期限、文件形式及委托手续等是否符合要求。专利无效宣告案件的预审内容主要包括：无效宣告请求客体、无效宣告请求人资格、委托手续等是否符合要求；无效宣告请求人提交的专利无效宣告请求书、无效宣告请求范围及必要时附具的有关证明文件和说明所依据的事实是否符合要求；无效宣告请求人提交的必要证据及结合提交的所有证据具体说明无效宣告请求的理由是否符合要求。

对于保护中心预审合格的拟提出相应请求的专利复审案件和无效宣告案件，申请人可向国家知识产权局国务院专利行政部门正式提交专利复审和无效宣告请求并反馈至保护中心，保护中心复核后将相应专利申请号提交至国家知识产权局国务院专利行政部门。

③专利权评价报告快速处理预审服务。

当事人提交专利权评价报告请求文件至保护中心。专利权评价报告请求的预审内容包括：专利权评价报告请求的客体、请求人资格、委托手续等是否符合要求；专利权评价报告请求书及相关证明文件是否符合要求。

专利评价报告请求通过保护中心预审合格后，申请人向国家知识产权局专利局提交正式评价报告请求并反馈至保护中心，保护中心复核后将相关专利号提交至国家知识产权局专利局。专利评价报告请求未通过保护中心预先审查的，申请人可按照普通程序向国家知识产权局专利局提交申请。

④专利权评价报告快速出具预审服务流程。

第一步，专利权人或者利害关系人提交专利权评价报告请求书至保护中心，保护中心进行预审服务。

第二步，通过预审服务后，专利权评价报告请求人向专利局提交专利权评价报告请求文件。

第三步，专利权评价报告请求人缴纳费用。

第四步，保护中心将预审服务通过的请求加快出具专利权评价报告的专利号批量提交至专利局。

第五步，未通过预审服务的请求，请求人可以按照普通非加快程序提交请求书。

第四章

专利申请的布局

专利富有技术含量、商业价值和战略意义，在激烈的市场竞争中，要建立自身的竞争优势，就必须将专利资源视为战略资源，做好专利布局，积累专利资产。自党的十八大提出创新驱动发展战略以来，我国产业转型升级已经进入关键时期，对创新主体在创新过程中的智慧贡献进行恰如其分的挖掘并进行专利布局，是支撑我国产业转型升级、增强产业竞争优势的当务之急。

专利布局是指企业综合产业、市场和法律等因素，对专利进行有机组合，涵盖了与企业利害相关的时间、地域、技术和产品等维度，构建严密高效的专利保护网，最终形成对企业有利的专利形式。由于专利是一种公开的信息资源，在准备技术开发或专利布局之前，应先了解在这个技术上有哪些主体已经进行了布局，这是进行专利布局应提前进行查阅清楚的。了解他人之后，才可以规划自身的专利布局。对于企业来说，需要根据自身的发展愿景和目标有目的地制定专利布局规划，并根据专利布局规划对发明创造进行专利挖掘，在获得专利权的基础上，对专利进行保护和运用。因此，专利布局是企业实施专利战略的起点，而且贯穿整个专利战略的实施过程，其对企业专利战略的实施效果，乃至企业发展愿景和目标的完成都至关重要。

知识产权竞争很多时候都表现为专利的竞争，因此需要重视专利布局，既要做好攻击竞争对手的准备，也要做好防御竞争对手的准备。对于新兴企业来说，要充分了解竞争对手，规划好专利的布局方向。而对于老牌企业来说，不仅要规划好专利的布局方向，也要梳理好现有的专利资源，充分激活现有的专利资源优势，步步为营①。

规划专利的布局方向，应结合企业发展实际需求，着重考虑以下几个方面。

（1）专利的形式、数量、质量。

首先，对于专利的形式选择，在我国，专利分为发明专利、实用新型

① 贺化．中国知识产权区域布局理论与政策机制［M］．北京：知识产权出版社，2017：29－36．

专利和外观设计专利三种形式。这三种专利，在授权条件、保护对象和保护时间上各有不同。企业需要根据自己的技术实力、产品状况和市场策略，来选择发展适合的专利形式。

其次，在专利发展的初期，必须重视专利数量的累积，比如通过专利发掘与专利奖励等制度措施，来提升企业专利的申请量。只有专利数量累积至一定程度，才能更好地建立企业的专利组合，更好地支持企业的专利战略。

最后，企业应当重视利用专利筛选、专利淘汰等制度，对专利品质加以提升。如果拥有一个竞争对手无法回避又渴望使用的高品质专利，将为企业赢得更多的市场机会与竞争优势。无论是专利种类、专利数量，还是专利品质，其发展目标都应当与企业的经营战略相结合，不要为了专利申请而申请，盲目拼数量，最后竟把专利变成了企业的负担。

（2）企业的经济实力、技术实力、竞争对手情况、市场情况。

首先，专利发展需要成本，在拥有少量专利时，可能经济压力尚不明显。但是，如果专利众多，又涉及跨国申请，专利带来的经济压力则会迅速凸显。因此，企业必须结合自身的经济实力，制定专利发展的目标。企业在专利技术的开发上，需要投入大量资金，而技术开发具有高风险性，可能耗资巨大却所获无几，更谈不上申请专利。在申请和累积专利上，也需要费用的支出，比如专利申请费用、专利代理费用等。企业在拥有庞大数量的专利时，也需要承担相当大的管理成本，比如专利分类、维持、异议答辩等问题，都需要管理成本的支出。

其次，对于专利技术，尤其是发明专利技术的开发，需要企业具有相当的技术实力甚至技术优势。特别是在某一产业领域或具体产品上已经充满了大量专利之时，如果想突破他人的专利封锁，需要掌握相当的技术优势。所以发展专利时，也要衡量自己的技术实力，从而实施适当的专利战略。

再次，企业在专利开发前，应当了解其他企业的研发活动及世界产业竞争的情况，确定哪部分是关键，哪部分的专利可能是重点，从而制定合理的专利开发方向。同时应监控竞争对手的专利布置，这也是影响企业专利发展目标的重要因素。如果企业准备进入的产业，竞争对手只布置了少量的专利，甚至还没有布置专利，那么企业可以根据自己的研发水平，迅速抢占专利制高点，完成该产业领域的专利布置，特别是布置基本专利，以阻挡竞争对手的进入。如果企业要进入的产业，已经有许多专利布局，尤其是基本技术已经被他人申请专利保护，那么企业的专利发展策略可以从以下几个方面进行：①在竞争对手的专利之上，进行外围专利开发，尤其可在预测产业未来发展方向后，进行外围专利开发，以获得交叉许可的条件；②大量累积专利数量，组建专利组合，然后与竞争对手进行专利对抗；③进行替代技术开发，并申请专利保护，借此在新一代产品中，绕开对方的专利障碍。

最后，在拟定企业专利发展目标时，还需要考量专利技术或专利产品的市场需求。如果某项技术虽然十分先进，但不具有市场潜力，比如产品因材料或生产工艺导致生产成本过高，在市场上不具有竞争力，那么该项技术的专利获取和累积，不仅不会为企业带来利益，反而会将企业拖入泥潭。当然，考虑市场潜力，需要着眼于长远，不能只观察这一两年的前景。比如发明专利的保护期限有20年，也许近几年内这个专利产品不具有竞争力，但几年后也许会大放异彩。

（3）企业现有专利资源状况。

企业应掌握自身的专利数量、专利种类、有效期间、分布领域、经济效益和实施利用状况等基本信息。具体的，企业应掌握自身拥有多少专利申请量和授权量，这些专利的种类（发明专利、实用新型专利或外观设计专利）比重如何，这些专利的有效期还剩多长时间，这些专利分布在哪些产品或技术领域，哪些专利正在利用并产生效益，效益如何。

同时，应当定期核查拥有的专利是否按期支付了维持费用，否则可能会因为没有缴纳专利年费，而导致专利权被终止。专利权被终止的结果，将使本来受到法律保护的专利技术，变成了社会公共的技术知识，别人可以免费利用，这不仅浪费了研发方面的投资，而且可能让企业丧失围绕该专利的商业机会。企业可以使用专利备忘清单，即标记专利维持费用到期时间，在需要支付专利维持费用前做好提醒工作，以免忘记按时支付费用①。

① 马天旗．专利布局［M］．北京：知识产权出版社，2016：2－51．

第一节　专利申请的区域布局

一、区域政策

自《国家知识产权战略纲要》实施以来，我国的专利申请量和授权量持续快速增长，截至2020年，我国发明专利申请量连续9年稳居世界首位，我国已经成为名副其实的知识产权数量大国。但是，我国的知识产权发展还存在结构不合理、布局碎片化等深层次矛盾和问题。优化知识产权空间布局，促进知识产权与产业深度融合，已成为创新发展的重中之重。为此，国家提出要通过优化知识产权区域布局和产业布局，拓展发展空间，促进产业快速发展。国家知识产权局于2015年年底启动了“知识产权区域布局试点”工作，旨在优化我国的知识产权布局，深化创新驱动发展战略。

加强知识产权区域布局工作对深入实施创新驱动发展战略具有重要意义，是推动创新资源合理配置、实现科学管理知识产权、建设知识产权强省强市的关键。我国落实国家区域发展总体战略，加强扶持重点区域专利事业发展，培育形成专利优势区域，带动周边区域共同发展，开展知识产权区域布局试点，探索建立以知识产权为核心的资源配置机制，充分发挥市场在资源配置中的决定性作用，促进创新资源的优化配置和高效聚集，实现知识产权资源、创新资源、产业资源的空间匹配①。

2019年11月24日，中共中央办公厅、国务院办公厅印发《关于强化知识产权保护的意见》（以下简称《意见》）。《意见》提到，加强知识产权保护，是完善产权保护制度最重要的内容，也是提高我国经济竞争力的最大激励，要求到2025年，知识产权保护社会满意度达到并保持较高水

---

① 贺化．中国知识产权区域布局理论与政策机制［M］．北京：知识产权出版社，2017：35－64.

平，保护能力有效提升，保护体系更加完善，尊重知识价值的营商环境更加优化，知识产权制度激励创新的基本保障作用得到更加有效发挥。2019 年 2 月 18 日，中共中央、国务院印发的《粤港澳大湾区发展规划纲要》同样提到，在优化区域创新环境方面，要强化知识产权保护和运用，依托粤港、粤澳及泛珠三角区域知识产权合作机制，全面加强粤港澳大湾区在知识产权保护、专业人才培养等领域的合作。

强化知识产权保护和运用成为引领粤港澳大湾区创新发展的新导向。就国内而言，粤港澳大湾区创新型经济体建设将是推动国内全面开放新格局、建设创新型国家的引擎力量；就全球而言，大湾区建设也将成为全球新一轮科技创新、产业创新、区域创新的生动实践。

粤港澳大湾区要成为知识产权强国建设的先行地，需要进行合理的产业布局，实行完善的知识产权保护策略，从而带动大湾区城市群经济创新发展能力和知识产权综合能力的提升。

二、大湾区专利区域布局

1. 粤港澳大湾区概况

粤港澳大湾区是指由香港、澳门两个特别行政区和广东省的广州、深圳、珠海、佛山、中山、东莞、肇庆、江门、惠州 9 市组成的（“9 + 2”）城市群，是国家建设世界级城市群和参与全球竞争的重要空间载体，是与美国纽约湾区、旧金山湾区和日本东京湾区比肩的世界四大湾区之一。

粤港澳大湾区总面积 5.6 万平方千米，截至 2021 年常住人口约 8 000 万人，是我国开放程度最高、经济活力最强的区域之一，在国家发展大局中具有重要战略地位。粤港澳大湾区仅凭占比 0.6% 的国土面积，2019 年的 GDP 贡献率占全国总量的 12.57%，GDP 增速位居四大湾区之首，也是全球四大湾区中最具经济活力的湾区。

如图 4 - 1 所示，从 2014—2018 年粤港澳大湾区 GDP 数据可以看出，GDP 每年呈增长趋势，2017 年粤港澳大湾区 11 城 GDP 之和已经达到了 101 843.0 亿元，这也是粤港澳大湾区 GDP 首次突破 10 万亿元大关，随后 2018 年更进一步，达到 108 679.9 亿元，为打造广深科技走廊提供了良好的经济基础，粤港澳大湾区各市/区 GDP 及占比情况可查看表 4－1。

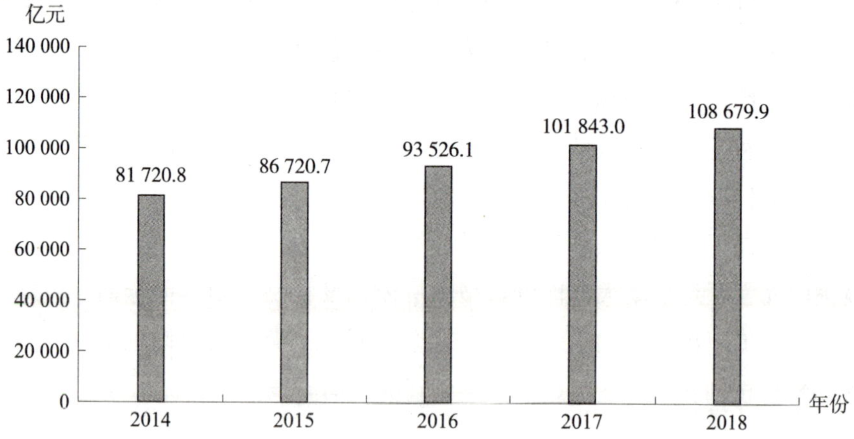

图 4－1　2014—2018 年粤港澳大湾区 GDP

表 4－1　2018 年粤港澳大湾区各市/区 GDP 及占比情况

地区	GDP（亿元）	占比
深圳	24 221. 98	22. 29%
香港	24 022. 44	22. 10%
广州	22 859. 35	21. 03%
佛山	9 935. 88	9. 14%
东莞	8 278. 59	7. 62%
惠州	4 103. 05	3. 78%
中山	3 632. 70	3. 34%
澳门	3 609. 00	3. 32%
珠海	2 914. 74	2. 68%
江门	2 900. 41	2. 67%
肇庆	2 201. 80	2. 03%
大湾区总量	108 679. 94	100%

2. *粤港澳大湾区产业布局*

目前粤港澳大湾区产业布局完整，珠江西岸以发展技术密集型的高端制造业为主、港澳地区以生态保护型的现代服务业为主、珠江东岸则以知识密集型的新经济为主。未来，金融、服务和高端制造将成为“湾区名片”。

粤港澳大湾区根据地理位置划分为珠江东岸、珠江西岸和港澳地区。珠江东岸包括深圳、东莞、惠州，珠江西岸包括广州、珠海、佛山、中山、江门、肇庆，港澳地区包括香港、澳门。

粤港澳大湾区内部产业体系完备，既有以广州为首的强大制造业产业链，也有以深圳为代表的互联网新经济，同时香港完善的金融、服务体系也为区内经济发展带来便利。

目前，粤港澳大湾区已具备建设国际创新中心的基础和优势，正在积极吸引和对接全球创新资源，构建“广州—深圳—香港—澳门”科技创新走廊。未来，粤港澳大湾区作为一个经济体，各城市间将从竞争变为协同，产业链合理分工，形成优势互补，生产力空间更加合理布局，减少重复建设。

3. 粤港澳大湾区知识产权现状

知识产权是反映一个国家和地区的创新能力的重要指标。在知识经济时代，以创新、知识为基础的竞争日渐激烈，知识产权在经济和社会发展中的地位和作用凸显，已成为区域竞争力的核心要素，是区域保持创新能力和赢得竞争优势的重要战略资源。

粤港澳大湾区被定位为“具有全球影响力的国际科技创新中心”，集聚国际创新资源、全球著名企业及各种高新技术产业，发明专利数量和国际专利受理量均居全国首位，粤港澳大湾区的区域经济发展和创新活力都离不开知识产权的有力支撑。

正在发展中的粤港澳大湾区，其创新能力已步入新阶段。2014—2018年，粤港澳大湾区发明专利年申请总量由8.3298万件增加到20.8815万件，年均增幅在20%以上，其中2018年发明专利数量达到近5年来最高值。由于发明专利不提前申请公开，需要满18个月才公开，因此2018年的数据存在统计不完全的现象，当年实际发明专利数量应该更多；另外，粤港澳大湾区PCT的年申请总量也是呈逐年上升的趋势，2015—2018年年均增幅均在20%以上，其中2018年的申请量达到2.7812万件，是2014—2018年申请量增长最多的年份。

广东的珠三角地区是粤港澳大湾区的创新高地，其中深圳市是以高新技术产业为主导的地区，广州市的电子信息技术和生物医药产业发展迅猛，佛山市拥有家具家电等传统优势产业，从而使得这三个地区成为知识产权发展的沃土；而香港特别行政区和澳门特别行政区的主打产业是金融、旅游和服务，在知识产权特别是在发明专利方面并不具备优势。

在粤港澳大湾区的9市2区中，广东省9市的发明专利申请都处于稳步增长的快速发展期，区域创新活力强；而香港特别行政区和澳门特别行政区两区则处于保持正常波动的稳定期，区域创新到了瓶颈期。粤港澳大湾区发明专利申请总量也呈现出区域分布不均匀的情况。珠江东岸（深圳市、东莞市、惠州市）3市以知识密集型的新经济为主；珠江西岸（广州市、珠海市、佛山市、中山市、江门市、肇庆市）6市以技术密集型高端制造业为主，以金融、服务为主的港澳地区，发明专利总量较少。

综上，粤港澳大湾区内不同城市的知识产权发展水平参差不齐，城市间专利申请量分布不均、相差悬殊。其中广州市、深圳市、佛山市、东莞市的发明专利申请量占大湾区申请总量的75%以上，可见不同区域的科技创新能力差异较大。

4. 强化粤港澳大湾区知识产权保护

从上述粤港澳大湾区的知识产权现状来看，尽管粤港澳大湾区经济基础雄厚、产业体系较为完善、创新动能较强，但湾区内不同城市的区域知识产权创新能力不平衡，知识产权发展的协同效应未能充分显现。

粤港澳大湾区作为我国开放程度最高和经济活力最强的区域，具有较好的创新生态优势。首先，粤港澳大湾区拥有科技研发和产业创新优势，共有高等院校160多所，国家工程实验室12家，国家工程技术研究中心23家，国家认定的企业技术中心80余家，高等院校和研究机构一般都能产出大量的创新成果。其次，粤港澳大湾区是我国制造业集聚区，有“世界工厂”之称，并且近年来制造业结构逐步升级，特别是技术密集型制造业如电子信息、装备制造、新材料、生物医药等先进制造业比重达到50%以上，另外高新技术产业比重也超过30%，技术密集型制造业和高新技术产业等知识产权密集型产业，都将产出大量的知识产权成果。

因此，从总体上看，粤港澳大湾区是充满活力的创新基地，拥有大量的创新科技成果，知识产权的作用尤为重要。强化知识产权保护，健全粤港澳大湾区的知识产权合作机制，构建一个地域广阔、活力强劲的创新生态圈，能最大限度地激发区域创新主体的活力。

然而，由于粤港澳大湾区内的经济制度、知识产权法律体系和行政体系存在差异，湾区的城市群资源整合相对不足，创新成果保护机制难以一体联动。如何充分利用现有政策及经贸协议等优势，解决粤港澳大湾区建设中的知识产权难题，强化粤港澳大湾区的知识产权保护，维护知识产权生态良性发展，是粤港澳大湾区知识产权改革中的重要问题①。

所以，有必要不断深化粤港澳大湾区知识产权合作机制，落实各项粤港、粤澳保护知识产权合作项目，推进粤港澳大湾区知识产权情报交流、信息通报和联合执法行动等任务，共同推动粤港澳大湾区知识产权大保护体系的建设。

（1）构建大湾区知识产权保护体系。

推动知识产权保护体系和资源共建共享，探索建立大湾区知识产权统计合作机制。通过鼓励三地知识产权服务机构建立合作机制，成立知识产权服务联盟，举办服务联盟大会及交流研讨活动。优化“互联网+”知识产权综合信息资源公共服务平台，建立知识产权信息交换机制和信息共享平台，提供全球创新信息资源。

健全大湾区知识产权行政执法与司法保护的协作机制，推动粤港澳大湾区知识产权体系建设。开展情报交流、信息通报和联合执法行动，严打知识产权违法犯罪相关活动，打造大湾区知识产权保护高地；开展大湾区知识产权互认试点，加强珠三角9市与港澳两地规则的相互衔接，研究新产业、新领域、新模式，创新知识产权保护规则。

（2）积极推进快速协同保护工作机制。

为有效促进粤港澳大湾区知识产权保护工作，在粤重点产业集聚区推动建立知识产权保护中心和快速维权中心。目前，已建立中国（广东）、中国（深圳）、中国（佛山）知识产权保护中心，全面开展集快速审查、快速确权、快速维权于一体，审查确权、行政执法、维权援助、仲裁调解、司法衔接相联动的产业知识产权快速协同保护工作。同时，

① 尹怡然. 加强知识产权金融体系建设，服务粤港澳大湾区创新发展［J］. 中国发明与专利，2019（7）：55－59.

在中山等有条件的地方优势特色产业集聚区批复设立快速维权中心。各快速维权中心积极配合开展专利快速审查和快速确权工作，建立了各具特色的知识产权快速维权机制，为企业技术创新和集聚产业发展提供有力支撑。

（3）持续推进跨区域执法工作。

指导支持相关地方构建粤港澳大湾区知识产权跨区域合作机制，完善工作机制，进一步提升跨区域案件办理效率；不断拓展跨部门执法协作机制，与海关、公安、法院等部门的执法协作机制进一步深化，定期通报相互查获的侵权案件信息；海关开展保护知识产权同步联合执法行动，在重点时段针对重点商品、重点领域、重点口岸加大监管查缉力度，加快形成协同打击侵权假冒行为的合力。同时，大湾区内专利、商标、版权等知识产权保护相关部门可以建立跨区域案件协查、信息交流等制度，定期通报相互查获的涉嫌侵犯知识产权的案件信息，协同开展跨区域知识产权执法联合行动。

（4）加强网络环境下的知识产权保护。

加大电子商务和互联网领域的知识产权执法力度，建立电商领域执法维权协作机制，督促电子商务平台落实相关责任，加强对跨界贸易电子商务服务的知识产权监管；加强对网络平台的版权监管，规范网络作品使用，严厉打击网络侵权盗版，有效提升网络环境下的知识产权保护。

（5）提升企业知识产权海外纠纷应对能力。

支持行业协会和专业机构研究发布重点产业知识产权信息和竞争动态，引导企业做好知识产权海外布局，完善海外知识产权风险预警体系建设。成立国家海外知识产权纠纷应对指导中心。有针对性地举办相关培训活动，着力提升知识产权服务机构专业水平、提高企业海外知识产权维权意识和纠纷应对能力。

（6）推动完善企业知识产权海外保护工作体系。

正在部署开展中国企业海外知识产权保护满意度调查工作，以客观掌握我国企业对海外知识产权保护的满意度状况和维权服务需求，为完善知识产权保护体系，改善我国企业海外知识产权保护状况做好信息储备和基础数据支撑①。

三、中新广州知识城

中新广州知识城是粤港澳大湾区建设的重大创新载体之一，是我国与新加坡共同打造的国家级双边合作项目和国际化知识创新平台。中新广州知识城是广东省以及新加坡政府共同倡导创立的广东经济转型样板。自2010年6月30日奠基以来，中新广州知识城建设取得长足进展，品牌优势明显，作用日益突出。2018年，中新广州知识城升级为中新国家级双边合作项目，为知识城未来发展提供了重要机遇和强大动力。

从全球看，当前国际环境正面临深刻变化，国际政治经济分工格局、国际秩序和规则面临重大调整，新兴经济体孕育着新的发展机遇。全球新一轮科技革命和产业变革加速演进，颠覆性技术不断涌现，新兴产业快速发展，新业态、新模式、新动能应运而生。中国与新加坡与时俱进地推动全方位合作伙伴关系深入发展，双方将在中国新一轮对外开放中，围绕“一带一路”倡议和粤港澳大湾区建设等国家战略，进一步深化科技创新、高端制造、知识产权、人才培养等重点领域的合作，把知识城打造成为中新合作新典范。

从国内看，我国经济由高速增长阶段转向高质量发展阶段，创新驱动战略深入实施，创新型国家建设加快推进，一批力度大、领域广的重大举措相继出台，改革开放红利进一步释放。以“一带一路”建设为统领的全面开放新格局正在形成，珠三角地区经济一体化步伐显著加快，粤港澳大湾区建设全面推进，广州国家高新区纳入全国十大世界一流高科技园区建设序列，为中新广州知识城创新驱动引领高端要素集聚提供重要支撑。中新广州知识城作为粤港澳大湾区高水平科技创新的重要载体和广深港澳科技创新走廊十大核心创新平台之一，将迎来重大发展机遇。

作为中新两国共同打造的国家级双边合作项目和国际化知识创新平

---

① 许志桦，刘云刚，胡国华. 从珠三角到大珠三角再到粤港澳大湾区：改革开放以来中国的国家尺度重组［J］. 热带地理，2019，39（5）：635－646.

台，中新广州知识城要充分发挥中新双方各自比较优势，突出唯一性、示范性、引领性，以知识引领发展，以科技创造未来。紧紧围绕统筹推进“五位一体”总体布局和协调推进“四个全面”战略布局，牢固树立创新、协调、绿色、开放、共享的新发展理念，全面服务“一带一路”和粤港澳大湾区建设，以创新驱动高质量发展为根本，以汇聚知识型人才、发展知识经济为主线，加强与广州国家高新区联动发展，全面推动知识创新、机制创新、制度创新，开辟开放合作新路径，探索创新发展新模式，建设成为具有全球影响力的国家知识中心。

四、国家知识产权局专利局专利审查协作广东中心

国家知识产权局专利局专利审查协作广东中心（以下简称审协广东中心）是经中央编办批复，于2011年9月成立的具有独立法人资格的公益二类事业单位，隶属国家知识产权局专利局。审协广东中心拥有独立法人资格，具有独立的人事、劳资和财务管理权，独立核算，经费自理。

受国家知识产权局专利局委托，审协广东中心主要履行发明专利审查和知识产权服务两大职能，具体包括从事发明专利申请的实质审查、PCT国际申请的国际检索和国际初步审查，为司法程序提供实用新型和外观设计专利权评价报告，为企业提供专利申请和保护等方面的技术和法律咨询服务。

成立以来，审协广东中心人员队伍不断壮大，现有员工近2 000名，审查员研究生以上学历占比90%以上，已形成一支全面覆盖机械、电学、通信、医药、化学、光电、材料等各个专业技术领域的高素质人才队伍，为高质量专利审查和高水平创新服务提供了坚实的人才保障。审协广东中心年平均发明专利审查结案量约占国家知识产权局的1/5，已成为我国重要的审查依靠力量。

审协广东中心位于被称为粤港澳大湾区“湾顶明珠”的广州中新知识城，总占地面积100亩，自然环境优美，工作条件良好，发展前景广阔。审协广东中心正积极奋进、主动作为，面向粤港澳及周边区域开展知识产权相关服务工作，全力支持地方的经济和产业创新发展，利用自身优势和

资源在做好主责主业的同时服务区域经济，为构建良好的营商环境做出应有贡献。

第二节　专利申请的产业布局

一、专利产业布局的形式

全球信息技术资源流动与重组加速，高技术企业竞相推行技术专利化以保护自身技术免受竞争对手模仿剽窃，引发全球专利竞赛。现代信息技术迅速更迭及产品市场竞争日趋激烈，使得知识与技术的前后继承关系表现得尤为突出。

在日益激烈的竞争中，企业要发展需基于一定数量的知识产权进行布局。如何积累企业的专利数量，主要有以下几种方式。

（1）自行研发。根据企业的产品规划方向和技术发展重点，开展自行研发是获得专利的重要渠道。为了避免重复开发，保障研发成果能够取得专利，企业最好在自行研发之前，以及在研发过程中，开展专利信息的检索分析，看看是否已有相同主题的专利存在。因为企业技术创新最大的法律风险之一，就是自己的研发成果已被他人在先获得专利授权。在自行研发过程中，还要注意防范相关的技术信息外泄，以免破坏专利授权所需要的新颖性或创造性，或者被第三人窃走并申请了专利。

（2）联合开发。随着知识的积累和技术的进步，技术越来越多样化、越来越复杂化、难度也越来越高，发展新技术所需要投入的资金也大幅攀升，而在竞争者威胁、产品生命周期缩短、技术更迭迅速等严峻的挑战之下，企业在高度竞争的环境和有限资源的限制下，如何利用较少的资源去达成更多的目标，分担越来越高的经营风险，成为企业经营者的重要关注议题。因此，企业之间借研发合作或技术转移，以分担风险或获取新专利，积累技术储备和专利数量，已成为不可阻挡的趋势。通过研发合作来提升专利数量，主要有两种典型的方式：委托开发和合作开发，两者可以统称为联合开发。

（3）技术转移。在全球化的背景下，市场竞争日益激烈，国际分工日益细化，即使是跨国公司也无力在每一项技术领域都维持领先的优势，而通过技术转移的行为可以获得更高品质与更多样化的新技术，从而维持该产品的市场占有率与竞争力，所以技术转移成为上至跨国公司，下至中小企业的有效选择之一。

技术转移涉及复杂的商业前景评估、法律谈判过程和合同履行程序，最好聘请专业人士辅助，以免发生不利的后果。从专利数量积累的角度，对于企业而言，技术转移主要体现为以下几种方式。

（1）专利受让。受让他人的专利申请权或专利权，是获取专利筹码的快捷途径。由于企业在专利受让后，也随之受让了依附于专利之上的风险。因此，在受让他人的专利前，应当对受让专利进行风险调查，防止因为专利受让而背负风险。比如，专利存在被宣告无效的瑕疵，那么在专利受让后，专利无效的后果也要由受让企业承担。

（2）专利许可。专利许可虽然不享有专利所有权，但对专利享有使用权，也相当于增加了企业的专利资源。特别是专利独占许可，与享有专利所有权在实际效果上没有什么区别，而且还不用承担专利被宣告无效的风险。

（3）企业并购。收购高科技企业，也是短时期内增加专利储备的有效方法之一。同样，对于企业并购来说，也要提前做好尽职调查，确保并购企业的专利权有效，并作出合理、正确的价值预估。

对于专利产业布局的具体形式，通常包括以下几种方式。

1. 路障式布局

路障式布局是指将实现某一技术目标之必需的一种或几种技术解决方案申请专利，形成路障式专利的布局模式。

路障式布局的优点是申请与维护成本较低，但缺点是给竞争者绕过己方所设置的障碍留下了一定的空间，竞争者有机会通过回避设计突破障碍，而且在己方专利的启发下，竞争者研发成本较低。因此，只有当技术解决方案是实现某一技术主题目标所必需的，竞争者很难绕开它，回避设计必须投入大量的人力财力时，才适宜采用这种模式。

采用这种模式进行布局的企业必须对某特定技术领域的创新状况有比较全面、准确的把握，特别是对竞争者的创新能力有较多的了解和认识。该模式较为适合技术领先型企业在阻击申请策略中采用。

2. 城墙式布局

城墙式布局是指将实现某一技术目标之所有规避设计方案全部申请专利，形成城墙式系列专利的布局模式。

城墙式布局可以抵御竞争者侵入自己的技术领地，不给竞争者进行规避设计和寻找替代方案的任何空间。

当围绕某一个技术主题有多种不同的技术解决方案，每种方案都能够达到类似的功能和效果时，就可以使用这种布局模式形成一道围墙，以防止竞争者有任何的缝隙可以用来回避。

3. 地毯式布局

地毯式布局是指将实现某一技术目标之所有技术解决方案全部申请专利，形成地毯式专利网的布局模式。

这是一种“宁可错置一千，不可漏过一件”的布局模式。采用这种布局，通过进行充分的专利挖掘，往往可以获得大量的专利。此种布局围绕某一技术主题形成牢固的专利网，因而能够有效地保护自己的技术，阻止竞争者进入。一旦竞争者进入，还可以通过专利诉讼等方式将其赶出自己的保护区。但是，这种布局模式的缺点是需要大量资金以及研发人力的配合，投入成本高，并且在缺乏系统的布局策略时容易演变成“为专利而专利”，容易出现专利泛滥却无法发挥预期效果的情形。

4. 丛林式布局

丛林式布局也被称为糖衣式布局，就像糖衣一样与基础专利如影随形，就像大树周围的丛林环绕在基础专利的四周，进不来也出不去。此种布局可以分成两种情况：一是基础性专利掌握在竞争对手的手中，那么就可以针对该专利技术申请大量的外围专利，用多个外围专利来包围竞争对手的基础专利，就像大树周围的灌木丛一样。这样可以有效阻遏竞争对手的基础专利向四周拓展，从而极大地削弱对手基础专利的价值。必要的时候，还可以通过与竞争对手的专利交叉许可来换取对手的基础专利的授权。二是当基础专利掌握在自己手中的时候，不要忘了在基础专利周围抢先布置丛林专利，把自己的基础专利严密地保护起来，不给对手实施这种专利布局的机会①。

当前，国与国的竞争焦点逐渐汇集在若干战略新兴产业上，战略新兴产业往往涉及多项国际和国内标准。在一些领域，尤其是通信领域，标准与专利相互关联的现象十分突出。近年来，尽管我国企业在参与标准制定的话语权和知识产权保护方面都取得了大幅提升，但是由于起步晚，拥有的标准必要专利数量相对较少，所以无论在本土市场还是在海外市场，都不可避免地受到国际巨头的掣肘②。

二、专利池

专利池，又称专利联盟，通常是指两个或两个以上的专利权人达成协议，相互间交叉许可或共同向第三方许可其专利的联盟性组织，或者是指这种安排之下的专利集合体。由于能够集中特定技术领域的专利，并执行公开的专利许可政策，所以专利池可以降低专利许可的交易成本，促进专利技术的推广与运用。许多专利池是基于技术标准而组建的。例如，MPEG 专利池和 W－CDMA 专利池等。

专利池自诞生以来，其成长道路伴随着许多质疑与非议。许多反对专利池发展的学者认为，专利池是垄断和不正当竞争生长的温床和保护伞。如果专利池中集合了实现某一技术所不可缺少的所有核心专利，那么池中的专利权人实现技术垄断的过程就变得轻而易举了。为了减少技术垄断现象的发生，专利池自身也采取更为严格的管理机制。比如，专利池内部遵循平等原则，即专利池成员地位一律平等，每一项核心专利都需要平等对待；专利池的对外许可按照“FRAND”（Fair，Reasonable，Non－discriminatory）原则，即“公平、合理、非歧视”原则。其中，公平原则要求不得以限制新的竞争对手进入为目的，无故拒绝许可；合理原则要求许可协

---

① https：//baike. baidu. com/item/%E4%B8%93%E5%88%A9%E5%B8%83%E5%B1%80/1004369.

② 马天旗. 专利布局［M］. 北京：知识产权出版社，2016：2－3.

议不能将被许可人置于不利地位，如许可费率不能过高等；非歧视原则要求对被许可方应当一视同仁，不得因为所属国别、规模等不同而有所差别。

企业之间借助联合开发，可以形成战略联盟，利用资源互补的优势，结合双方力量研发创新，共同创造优势地位，显然比个体研发单打独斗的方式更具有效率。

目前，我国已跃升为专利申请大国，专利申请量居世界前列，但在专利池的数量和发展规模上都无法与外国抗衡。许多由外国专家制定的知识产权国际协议里不可避免地存在“霸王条款”，这势必会打压国内企业创新的热情。要摆脱类似于此的束缚，结束在知识产权领域的国内外企业不平等的待遇问题，最根本的就是要提升企业的知识产权和自主创新意识，力争掌握更多的核心技术，构建更多、更成熟的专利池，让这些专利池成为我们谈判桌上的筹码，为我们所用。在新兴产业领域中，全球范围内的技术标准战尤为普遍，基于技术标准导向组建产业联盟（即产业技术标准联盟）日益成为世界各国发展新兴产业重要技术标准的主要模式。为了提升我国新兴产业的自主创新能力和国际竞争力，如何通过技术标准联盟协同创新，高效率地运作新兴产业技术标准，急需一套先进的管理理论方法。因此，在我国大力发展产业技术创新战略联盟、全面推动战略性新兴产业自主创新的新时期，针对我国新兴产业技术标准联盟创新管理存在的突出问题，系统构建新兴产业技术标准联盟协同创新机制，具有重要的理论和实际意义。

专利池最重要的作用在于它能消除专利实施中的授权障碍，有利于专利技术的推广和运用。不同的专利之间存在三种关系：障碍性关系、互补性关系和竞争性关系。障碍性专利往往产生于在先的基本专利和以之为基础后续开发的从属专利之间，从属专利缺少了基本专利就不可能实施。相反，基本专利没有从属专利的辅助往往难以进行商业化开发。因此，障碍专利之间的交叉许可就显得十分必要。互补性专利一般是由不同的研究者独立研发形成的，二者之间互相依赖，各自形成某项产品或技术方法中不可分离的一部分。同障碍性专利一样，互补性专利也需要相互授权才能发挥作用。竞争性专利（替代性专利）是指在某项发明实施过程中可以相互替代的专利，二者是非此即彼而不是互为依存的关系。对于竞争性专利，一般认为，如果它们存在于同一专利池中，将会引发垄断的问题。因此，排除竞争性专利进入专利池成为反垄断机关审查专利池的重要内容之一。而对于障碍性专利和互补性专利，如果将其放入同一专利池中，将会消除专利间互相许可的障碍，从而促进技术推广。

专利池的另一显著作用是能显著降低专利许可中的交易成本。专利池对其他厂商实行一站式打包许可，并采用统一的标准许可协议和收费标准，从而被许可厂商不必单独与专利池各成员分别进行冗长的专利许可谈判，极大地节约了双方的交易成本。专利池还能减少专利纠纷，降低诉讼成本。专利池成员间的专利争议可通过内部协商解决，而无须对簿公堂。专利池所拥有专利的清单以及被许可厂商的名单都会公布于众，一旦有厂商侵犯专利权会很容易被查出，同时也减少了间接侵权的发生。一般而言，专利侵权行为的减少意味着专利诉讼的减少。并且，即使出现了专利纠纷，专利池作为一个整体代表专利池成员参与诉讼，可使诉讼过程大为简化。由于专利诉讼的成本高昂，因此专利池形式可以极大地节约诉讼双方的诉讼成本，不但减轻了企业负担，也避免了社会法律资源的巨大浪费①。

第三节　专利申请的海外布局

一、海外布局的必要性

自2000年中国政府提出“走出去”战略以来，中国对外投资合作规模迅速增长。“十三五”时期，中国进一步实施互利共赢的开放战略，对“走出去”提出了新的、更高的要求，同时国际社会对中国企业在海外可持续发展方面的表现越来越关注。特别是在《中国制造2025》战略的引领

① 孙久姗. 专利池：是毒药，还是良方？[J]. 中国有色金属，2014（24）：60－61.

下，我国不仅要输出物美价廉的各种产品，还要有能力对外提供更多的设备和技术支持。科技的迅速发展促使全球专利活动日益活跃，各国对专利的认识程度都在不断提高，中国也不例外。国家知识产权局局长申长雨在第13届上海知识产权国际论坛的致辞中说道，政府将知识产权保护和运用“十三五”规划纳入国家重点专项规划中，旨在推动中国知识产权事业由多向优、由大到强的转变。

许多企业在日益增长的竞争压力驱动下，出于扩大自身技术优势的动机，开始利用世界各国的技术和资本，在全球范围内实现研发资源的优化配置。专利是研发的重要成果之一，包含大量的情报信息。专利计量分析，可以反映一个国家或地区的技术创新能力，也可以反映出某一产业的发展动向、某一企业的发明活动和技术水平以及竞争对手的创新能力，有利于全面研究、评估并预报技术的进步和发展趋势，调查先进技术。

决定专利布局首先要考虑市场在哪里。一般来说，产品出口国（地区）、产品制造地、技术授权地区都是应该申请专利的区域，特别是在那些仿冒严重的国家，更是迅速申请专利的优先选择。因此，企业应当有的放矢地确定产品出口国（地区）的清单，并依据其产品的种类和性质，有重点地选择专利的申请地。当然，考虑产品出口国（地区）、制造地或技术授权地区时，不应当只局限于目前的状况，而应着眼于将来的业务拓展。从长远的角度来看，在全球的主要市场，比如欧盟、美国、日本，都应当进行专利布局，一旦企业做大做强，都避免不了进军这些市场。当然，企业应当分清轻重缓急，视具体情况，分期分批、循序渐进地进行全球专利布局。

当前，以专利战略为主的知识产权战略已上升为世界各国创新战略的核心，知识产权政策已经成为创新政策的前沿。在经济全球一体化的时代，中国企业只盯紧国内市场已经不现实，必须“走出去”。目前，我国专利的海外布局出现了严重的“偏科”现象，国内申请公布量前十位领域中，除数字通信外，没有什么领域在世界上处于优势地位，中国专利在海外布局不均衡的表现从侧面反映出我国的技术创新尚没有达到全面健康发展的水平。专利数量反映了企业专利在“走出去”过程中对海外市场的重视程度，专利质量决定了企业的技术能不能得到有效保护，以及未来其在市场竞争中的地位。高质量专利是企业保护自身创新成果、参与市场竞争的重磅武器①。

中国虽然专利申请数量比较多，但是核心专利的布局比较少。在汽车、新能源、通信、医药、人工智能等领域的基础专利基本上都是由国外大公司，尤其是美国公司掌握。中国的专利主要集中在国内，在国外申请的专利数量远少于美国企业。美国公司依据在中国核心专利的布局占领各个行业的制高点，并收取大量的专利许可费，导致国内企业的发展受到制约。因此在经济全球一体化、市场竞争国际化的大背景下，谁拥有更多的PCT国际专利申请谁就占得了先机。重视PCT国际专利申请，对于在竞争中完善专利布局、获取更多市场、赢得更大经济效益至关重要。

二、如何做好海外布局

1. 提高企业的创新能力

创新是知识经济时代的灵魂。没有创新，企业便失去了发展动力。但如果企业因创新而产生的知识产权得不到有力保护，那么创新很快就会被复制，不仅创新成本无法回收，而且企业会因创新成本而增加产品价格，使创新产品失去市场竞争力。因此，对于企业而言，尤其是高新技术企业，知识产权作为企业最核心的资产，不仅需要国家的高度重视，更需要企业自身严格把关。

2. 加强海外知识产权风险预警

加强海外知识产权风险预警，及时监控目标区域的知识产权动态。国内企业“走出去”时会面临知识产权侵权风险，这就要求企业提前进行知识产权的预警分析，甚至在市场准入前分析产品设计时就要对知识产权风险进行预警和评估。做好知识产权预警工作，很多企业所面临的知识产权诉讼风险可以迎刃而解。

---

① 乔永忠．产业专利布局及质量实证研究［M］．北京：知识产权出版社，2019：41－53.

三、“一带一路”专利布局

1. “一带一路”概述

2013 年，习近平主席在访问中亚和东南亚国家期间，先后提出共建“丝绸之路经济带”和“21 世纪海上丝绸之路”（以下简称“一带一路”）的重大倡议。“一带一路”是我国主动应对全球形势变化、统筹国内国际两个大局做出的重大战略决策，是顺应地区和全球合作潮流，契合沿线国家和地区共同发展的需求，立足当前、着眼长远的重大倡议和构想。

自该发展战略构想提出以来，国内外各界对“一带一路”国际合作的倡议给予了高度关注，有些国家积极响应。截至 2021 年年底，我国已与 145 个国家、32 个国际组织签署 200 多份共建“一带一路”合作文件。2015 年 3 月 28 日，国家发展改革委等三部门联合发布了《推动共建丝绸之路经济带和 21 世纪海上丝绸之路的愿景与行动》，其在合作重点部分提出：要拓宽贸易领域，挖掘贸易新增长点；推动新兴产业合作，促进沿线国家加强在新一代信息技术、生物、新能源、新材料等新兴产业领域的深入合作；加强科技合作，开展重大科技攻关，共同提升科技创新能力。2019 年，国务院知识产权战略实施工作部际联席会议办公室印发《2019 年深入实施国家知识产权战略加快建设知识产权强国推进计划》（以下简称《推进计划》），在深化知识产权国际交流合作方面，《推进计划》提出将提升知识产权国际合作水平，加强海外风险防控，并提出推动“一带一路”沿线国家对我国专利审查结果认可和登记生效，研究建立海外知识产权维权援助机制，推动建设国家层面的海外知识产权纠纷应对指导中心等具体措施。

“一带一路”倡议秉承共商、共享、共建原则，是促进共同发展、实现共同繁荣的合作共赢之路，是增进理解信任、加强全方位交流的和平友谊之路。中国政府倡议，秉持和平合作、开放包容、互学互鉴、互利共赢的理念，全方位推进务实合作，打造政治互信、经济融合、文化包容的利益共同体、命运共同体和责任共同体。

“一带一路”倡议是沿线各国开放合作的宏大经济愿景，需各国携手努力，朝着互利互惠、共同安全的目标相向而行。努力实现区域基础设施更加完善，安全高效的陆海空通道网络基本形成，互联互通达到新水平；投资贸易便利化水平进一步提升，高标准自由贸易区网络基本形成，经济联系更加紧密，政治互信更加深入；人文交流更加广泛深入，不同文明互鉴共荣，各国人民相知相交、和平友好。“一带一路”倡议是一项系统工程，包括政治、经济、外交、文化、人才等各方面的合作。随着“一带一路”建设的不断推进，越来越多的投资项目、基础设施建设项目在沿线国家落地①。

2019 年 4 月，第二届“一带一路”国际合作高峰论坛明确提出“更大力度加强知识产权保护国际合作”，标志着中国与“一带一路”沿线国家知识产权事业将进入高质量发展的新阶段。目前，我国在沿线国家的专利布局不断深入，伴随“一带一路”倡议的不断深化推进，中国企业跨国经营过程中保护知识产权、提高企业国际竞争力不断加强。

（1）中国在沿线国家专利申请授权实现双增长。

2020 年，中国在沿线国家专利申请公开量为 6 198 件，同比增长 17.1%，共涉及沿线 22 个国家。其中，在韩国申请公开量为 3 395 件，占总申请量的一半以上，位居所有申请目的国之首；新加坡、越南、菲律宾、南非分别以 950 件、899 件、292 件、246 件位列第二至第五名，中国申请人在前五名的国家的申请公开量占在沿线国家专利申请公开总量的 93.3%，专利申请布局呈现高度集中态势。

2020 年，中国在沿线国家专利授权量为 4 245 件，同比增长 19.3%，涉及 26 个沿线国家。其中，在韩国专利授权量为 1 723 件，位居所有目的国之首；俄罗斯、南非、越南和新加坡位居第二至第五位，专利授权量分别为 817 件、336 件、251 件和 228 件。

（2）数字通信领域居中国在沿线国家专利申请技术领域之首。

根据世界知识产权组织公布的 35 个技术领域分类标准，2020 年中国在沿线国家的专利申请实现了技术领域全覆盖。其中，数字通信位居中国在沿线国家专利申请技术领域之首，申请公开量为 1 435 件，占比为

---

① 王立，封颖．“一带一路”背景下我国知识产权输出政策研究［J］．科技管理研究，2019（7）：44－48.

23.2%；计算机技术和电气机械设备及电能分别以666件和282件居第二、第三位。2020年，中国在沿线国家的专利授权也实现技术领域全覆盖。其中，数字通信领域以455件专利授权量居中国在沿线国家专利授权技术领域之首，同比增长38.7%；计算机技术和电气机械设备及电能分别以296件和282件居第二、第三位。

（3）中国在沿线国家专利申请布局的领跑者仍集中在通信领域。

从申请人排名情况看，2020年，华为技术有限公司在沿线国家专利申请公开量为844件，位居全国首位，广东欧珀移动通信有限公司、北京市商汤科技开发有限公司、百度有限公司和中国电信技术研究院分别以668件、150件、147件和140件位列第二到第五位。

（4）“一带一路”沿线国家加大在华专利布局力度。

2020年，“一带一路”沿线共有74个国家在华进行专利申请，共申请发明专利22 909件，同比增长3.9%，高于国外来华发明专利申请同比增速。其中，韩国在华申请发明专利16 725件，位居第一；意大利和新加坡分别以1 742件和1 318件位列第二和第三。2020年，共有71个沿线国家在华获得13 131件发明专利授权。其中，韩国在华获得9 311件发明专利授权，位居第一；意大利和新加坡分别以1 171件和1 048件位列第二和第三。克服全球疫情与贸易摩擦的影响，沿线国家在华专利申请和授权数量的“双增长”充分体现了中国市场对沿线国家的吸引力越来越大，国际社会对中国改善营商环境和扩大开放的信心越来越强。①

2. “一带一路”主要地区专利概况

“一带一路”倡议自提出以来不断拓展合作区域与领域，尝试探索新的合作模式，使之得以丰富、发展与完善，但其初衷与原则却始终如一。当今世界是一个开放的世界，开放带来进步，封闭导致落后。“一带一路”倡议就是要把世界的机遇转变为中国的机遇，把中国的机遇转变为世界的机遇。“一带一路”的开放包容性特征是区别于其他区域性经济倡议的一

---

① 蔡中华. 2020年“一带一路”沿线国家专利申请数据公布，华为、OPPO领衔［R/OL］.（2021-09-09）［2021-09-09］. http：//www. sohu. com/a/488855990_221481.

个突出特点①。

“一带一路”倡议从提出至今，在“一带一路”国家联合发展的作用下，已成功将“一带一路”由提议变为现实，加速了“一带一路”国家和我国的共同发展，是互利互惠、互帮互助的共同结果。随着“一带一路”战略构想的不断深化推进，企业要搭上“一带一路”政策的列车，就要充分利用“一带一路”政策和优惠，把握“一带一路”的机遇，就要了解如何扩大中国企业在“一带一路”跨国经营过程中的国际竞争力，如何利用知识产权保护企业的利益，提高竞争力。

“一带一路”贯穿亚欧非大陆，一头是活跃的东亚经济圈，一头是发达的欧洲经济圈，中间广大腹地国家经济发展潜力巨大。丝绸之路经济带重点畅通中国经中亚、俄罗斯至欧洲（波罗的海）；中国经中亚、西亚至波斯湾、地中海；中国至东南亚、南亚、印度洋。21 世纪海上丝绸之路重点方向是从中国沿海港口过南海到印度洋，延伸至欧洲；从中国沿海港口过南海到南太平洋。下面对“一带一路”沿线主要地区的专利政策和动态进行分析。

（1）东南亚地区专利概况。

“一带一路”沿线国家中，东南亚地区共有 11 个国家，中国一直视东盟为周边外交优先方向和推进“一带一路”倡议的重点地区，东南亚国家也是“一带一路”倡议的“深耕区”。目前，新加坡、泰国、马来西亚、菲律宾等东南亚国家均已经制定并实施了较为全面的知识产权法，柬埔寨、老挝、越南等国的知识产权制度还有较大的完善空间。

中国国家知识产权局数据显示，截至 2021 年，中国已与“一带一路”沿线近 65 个国家建立知识产权双边合作关系，与海湾阿拉伯国家合作委员会（GCC）、东南亚国家联盟（ASEAN）、欧亚专利局（EAPO）等地区组织签订了合作协议。长期以来，中国—东盟在知识产权领域一直保持着富有成效的互动与合作。2009 年，中国国家知识产权局代表中国政府与东盟成员国政府共同签署了《中国—东盟知识产权领域合作谅解备忘录》，开

① 付德申，况达喆．“一带一路”背景下中国知识产权保护研究［J］．沿海企业与科技，2016（1）：15－18．

启了中国—东盟知识产权合作的新篇章。此后，通过每年举办中国—东盟知识产权局局长会议和相关活动，双方在知识产权领域的合作不断深入，取得了丰硕的成果。经过8年的努力，中国与东盟知识产权合作的主体架构已基本实现，合作关系日益紧密。2016年，中国在“一带一路”沿线国家和地区专利申请量前十位中，东盟国家占了半数①。

东南亚各国由于不同的经济与技术发展水平以及历史原因，因此在知识产权制度构建上也存在着差异。

东南亚地区大部分国家均具有发明、实用新型和外观设计三种类型的专利，其中新加坡、印度尼西亚和马来西亚单立外观设计法进行保护。发明的保护期限基本为20年，其中新加坡特别规定，符合法定情形的，专利权人可以申请延长专利权的保护期限，最长可延长5年，这与中国是不同的。而实施实用新型专利保护制度的国家所规定的保护年限则各不相同，长则10年，短则5年，如泰国的实用新型（小专利）保护期限为6年，自申请日起算，可延展2次，一次2年。马来西亚的实用新型专利的保护期限是5年，自核准日起算，可延展2次，一次5年。

2014—2018年，我国申请人在新加坡的专利申请公开量呈现逐年递增的趋势，如图4-2所示，我国申请人在新加坡的专利申请公开量由2014年的171件增加到2018年的643件，五年间的平均年增长率为39.3%，尤其是2018年，增长势头强劲，年增长率达到51.3%。

新加坡地处马六甲海峡，是主要的亚洲物流业枢纽，新加坡经济发展局的一份关于2012/2013年度报告显示，新加坡“全球—亚洲”的定位继续受到国际及亚洲企业的认可，新加坡正逐渐成为企业研发、测试新产品及解决方案的理想之地。新加坡被大型跨国公司、中型企业视为带动区域及国际业务量增长的卓越平台。新加坡不仅是亚洲财富管理中心，还是亚洲最大的外汇交易中心和活跃的大宗商品交易中心。超过三分之一的世界500强企业将亚太总部设在新加坡。在新交所上市，成为中国企业面临的

① 李宁顺.“一带一路”背景下中国—东盟自由贸易区知识产权保护机制探析［J］．劳动保障世界，2017（30）：52-54.

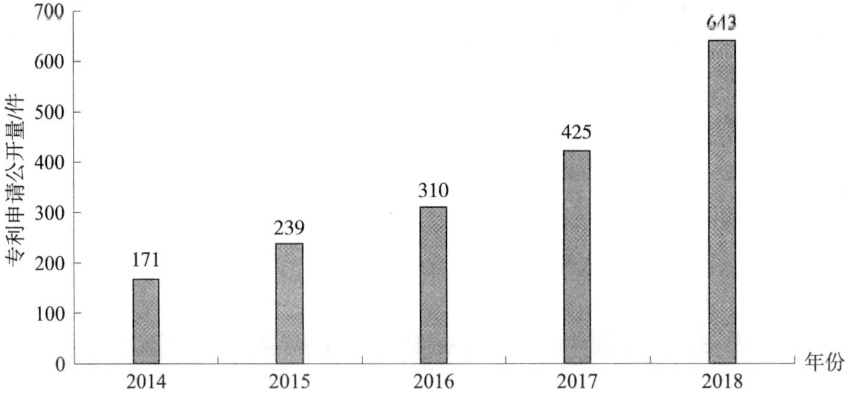

图 4-2　2014—2018 年我国在新加坡的专利申请公开趋势

新选择。

在过去 50 年，新加坡致力于打造优越的商业投资环境，集区域连通性、知识密集型、开放的投资政策等有利特性为一体，对中国企业而言，新加坡是开拓东南亚甚至国际市场的理想跳板，在对中国企业最具吸引力的对外投资目的地排名中位居第二①。

（2）南亚地区专利概况。

南亚地区的尼泊尔、不丹、印度和巴基斯坦均与中国接壤，地理位置上与我国联系紧密，且处于“丝绸之路经济带”和“21 世纪海上丝绸之路”的海陆交汇点，具有牵连东西、联动南北、沟通海陆的区位优势，是“一带一路”倡议的重要枢纽。“一带一路”倡议提出以来，在南亚地区得到了绝大多数国家的积极响应与支持，取得了明显效果，中巴、孟中印缅和中尼印三大经济走廊的建设充分体现了中国与南亚各国巨大的合作潜力和广阔的合作空间。

南亚地区的创新发展比较不均衡，知识产权保护水平参差不齐，印度是该地区唯一列位全球创新指数上半区的国家，知识产权相关法律法规相对完善，加入的国际公约组织较多。2013—2017 年我国在印度提出专利申请的申请人分布如图 4-3 所示，有 20 名申请人的专利申请公开量超过 50

① 谭意平．“一带一路”沿线国家专利布局与创新活动研究［R］．2018 年度专利专项研究报告，2018：36-38.

件，其中以电信行业为主，前五位申请人分别为华为技术有限公司、中兴通讯股份有限公司、北京小米科技有限责任公司、腾讯科技（深圳）有限公司、广东欧珀移动通信有限公司，其专利申请公开量均超过200件。中国石化集团公司申请公开量为141件，宝山钢铁股份有限公司申请公开量为55件，多集中在化学领域。

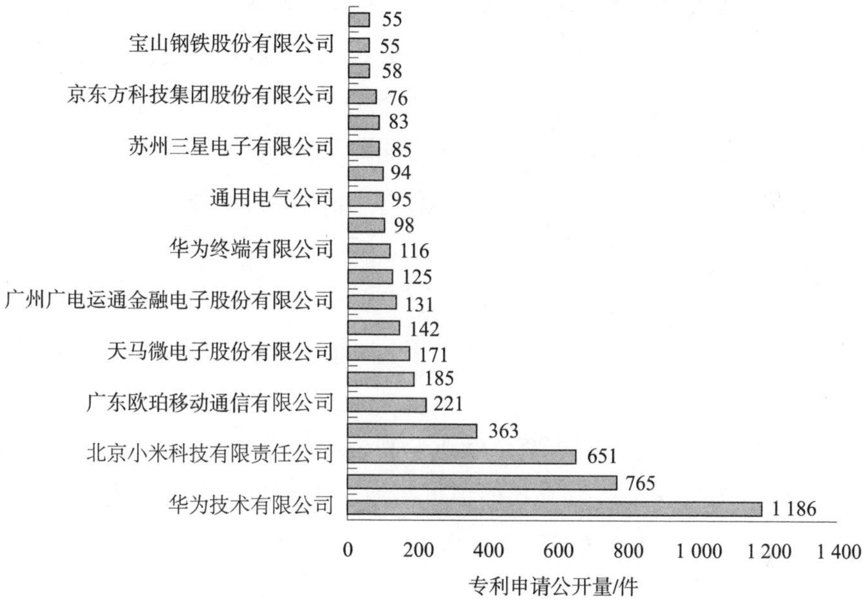

图4－3　2013—2017年中国在印度提出专利申请排名前20的申请人分布情况

如前所述，印度作为仅次于中国市场的全球第二大智能手机销售市场，历来是全球各大手机制造商的必争之地。华为、小米、广东欧珀等都将印度作为走出国门的第一站。华为、小米、阿里巴巴、广东欧珀等都在印度有投资及建设项目。统计数据进一步显示，小米及阿里巴巴集团两家企业从2014年开始在印度提出专利申请，进行专利布局。尤其是阿里巴巴集团，目前已经在印度公开的185件专利申请中，有183件是在2015年以及之后提出的。而对于广东欧珀、天马微电子、乐视网、京东方、乐视致新这几家企业，专利申请公开年度集中在2016—2017年。这也从另一角度反映了不同企业在印度的专利布局情况①。

（3）欧亚地区专利概况。

1994年9月9日，相关独联体国家政府首脑在莫斯科正式签署了加强发明保护领域合作的《欧亚专利公约》，并于1995年生效。截至2020年，该公约拥有八个成员国，即俄罗斯、白俄罗斯、阿塞拜疆、亚美尼亚、土库曼斯坦、塔吉克斯坦、哈萨克斯坦、吉尔吉斯斯坦。

该公约的主要目标是建立一个保护发明的国际地区系统：根据在公约各成员国国土上生效的统一公约对发明实行法律保护。《欧亚专利公约》赋予专利申请人有权在8个国家内获得专利，申请人一旦获得了欧亚专利权就可以自动在其8个成员国内获得保护，不需要再额外缴纳费用与提交文件，只需要缴纳年费即可。

欧亚专利局（EAPO）是一个政府间组织，负责审查授予可以在欧亚专利组织8个国家生效的欧亚专利（Eurasian patent），总部位于莫斯科，官方语言为俄语。

如果申请人有意在至少两个欧亚专利公约的成员国内寻求专利保护，那么欧亚专利是一个获取专利保护更简便、快捷和便宜的方式。一经授权，自公布之日起在所有成员国内生效。

俄罗斯是中国最大的邻国，自中国提出“一带一路”倡议以来，中国与俄罗斯的双边关系也愈加亲密友好，中国与俄罗斯在各领域的合作也愈加紧密，中国与俄罗斯的贸易往来、经济活动等也愈加密切。在2017年“一带一路”各国对外贸易额排名前十位的国家中，中国是俄罗斯的第一出口目的国，也是俄罗斯的第一大进口来源国。专利作为最主要的知识产权形式之一和科技创新的重要产出成果，对于企业的生存和发展、企业核心竞争力的增强具有战略性的长远意义。

2013—2017年，中国在俄罗斯的发明和实用新型专利申请公开量如图4-4所示，由图可知，中国在俄罗斯的专利申请公开情况总体呈现增长趋势，年均增长率为47.1%。其中，2013—2015年增速较缓，其原因可

① 谭意平．“一带一路”沿线国家专利布局与创新活动研究［J］．2018年度专利专项研究报告．2018：35-49.

能为2013—2015年是丝绸之路经济带建设由倡议阶段逐渐迈向方案制定和落实推进阶段，中俄双方之间的发展和合作模式还处于不断探索的阶段，其在经济发展、知识产权保护等方面的作用还没有显现出来。2016年起，专利申请公开量表现出爆发性增长，2016年专利申请公开量约是2015年的2倍，2017年的专利申请公开量约是2016年的1.5倍，表明随着“一带一路”倡议的持续推进，中国申请人逐渐加大了在俄罗斯的专利布局力度①。

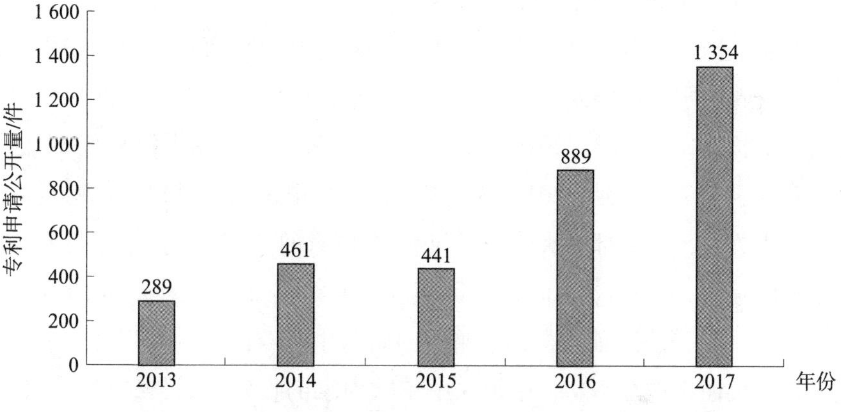

图4-4 2013—2017年我国在俄罗斯的专利申请公开情况

（4）西亚北非地区专利概况。

“一带一路”沿线国家中，西亚北非地区共有16个国家，除了埃及属于北非，其他15个国家均属于中东地区，中东地区是指地中海东部与南部区域。中国与中东同为古代世界东西方的文明中心，彼此之间的贸易交往历史悠久。举世闻名的丝绸之路，在东西方之间形成了持续上千年的贸易通道。正是借助这条丝路，中国与中东地区开始了稳定持久、范围广泛的贸易交往。“一带一路”倡议提出后，西亚逐渐成为与中国经贸往来的重要区域，中国政府及企业加大了对该地区的基础建设扶持，为国内企业提供了发展机遇。作为“21世纪海上丝绸之路”的重要节点，中国已成为埃及最大的贸易伙伴，双方共建的苏伊士经贸合作区吸引了30多家企业入

① 谭意平．“一带一路”沿线国家专利布局与创新活动研究［J］．2018年度专利专项研究报告．2018：28-34.

驻，成为两国企业投资合作的良好平台。

中东国家的知识产权综合能力相对薄弱。对于已加入 WIPO、《巴黎公约》和 PCT 的国家，外国申请人除直接向相应国家申请专利外，还可通过 PCT 或《巴黎公约》进行申请。其中黎巴嫩目前的专利采用登记制，无实审程序，巴勒斯坦的加沙地区和西岸地区同样无专利实审程序，也门专利局只接受专利申请，还未开展任何有关实审的工作，实审工作何时启动还未可知，伊拉克的专利实审周期目前无法估计。

（5）中东欧地区专利概况。

中东欧国家因其天然的地理优势，起着连接中欧大陆的纽带作用。近年来，随着中国经济的发展，中国与中东欧各国的经贸合作逐渐加强，双边贸易增长迅速。2003—2016 年，中国与中东欧国家双边贸易从 86 亿美元上升到了 587 亿美元。2011 年以来，我国与中东欧国家建立了稳定的经贸等合作关系，外交部牵头建立了与 17 个国家的“17 +1 合作”机制。中东欧地区是“一带一路”倡议的区域支撑点，是我国连接欧洲的重要通道，自“一带一路”倡议提出以来，中国与中东欧国家的经贸合作、文化交流和人员往来愈加密切，中国在中东欧国家的投资项目持续增加，投资领域涉及机械、电子、电信、化工、印刷、农业、汽车、物流、新能源等部门。

由于中东欧十六国均加入了 WIPO、《巴黎公约》和 PCT，同时为欧专局成员国或延展国，因此，外国申请人除直接向相应国家申请专利外，还可通过 PCT、《巴黎公约》或 EPO 等途径申请；外观设计则可通过《巴黎公约》或欧洲知识产权局进行申请。

第五章

专利申请的事务性内容

第一节　专利申请的代理

一、专利代理

《专利法》第十八条规定，在中国没有经常居所或者营业所的外国人、外国企业或者外国其他组织在中国申请专利和办理其他专利事务的，应当委托依法设立的专利代理机构办理。

中国单位或者个人在国内申请专利和办理其他专利事务的，可以委托依法设立的专利代理机构办理。

专利代理机构应当遵守法律、行政法规，按照被代理人的委托办理专利申请或者其他专利事务；对被代理人发明创造的内容，除专利申请已经公布或者公告的以外，负有保密责任。专利代理机构的具体管理办法由国务院规定。

专利代理是一种委托代理，它是指专利代理机构受一方当事人的委托，委派具有相应资格的在专利局正式授权的专利代理机构中工作的人员作为委托代理人，在委托权限内以委托人的名义，按照《专利法》的规定向专利局办理专利申请或其他应由专利事务所进行的民事法律行为。由于专利代理的委托性质，受委托人的各种行为均相当于委托人亲自实施，因此相关手段导致的后果均由委托人承担。专利代理机构应当遵守法律、行政法规，按照被代理人的委托办理专利申请或者其他专利事务；对被代理人发明创造的内容，除专利申请已经公布或者公告的以外，负有保密责任。专利代理机构的具体管理办法由国务院规定[①]。

---

① 陈硕. 我国专利申请制度现状分析［J］. 法制博览，2016，10：204.

二、代理的注意事项

代理是指代理人在代理权限内，以被代理人的名义实施民事法律行为，由被代理人对代理人的代理行为承担民事责任的法律关系。根据代理权产生的依据，代理可以分为委托代理、法定代理和指定代理三种。委托代理是指按照被代理人的委托而进行的代理；法定代理是指直接依照法律的规定而进行的代理（例如监护人的代理行为）；指定代理是指按照人民法院或者有关单位的指定而进行的代理。

专利代理是指专利代理机构受申请人的委托，在委托人授权范围内，代替委托人办理专利申请或者其他专利事务的法律行为。专利代理机构在受委托的权限内进行的代理行为，对委托人发生效力，即该行为所取得的权利和产生的义务由委托人享有或者承担。从专利代理机构与委托人的关系上看，专利代理属于民事代理，但从其所从事的代理行为上看，专利代理又不同于一般的民事代理，因为专利代理所从事的代理行为不是民事行为，而是行政相对人为获得某种权利而进行的申请行为，是一种行政法上的行为[①]。

随着专利制度的不断发展，专利代理业务本身也已不再局限于其问世以来的协助申请人进行专利申请等类型的工作，逐渐覆盖了整个专利保护全链条。

1. 专利申请文件的撰写及提交

作为申请人，申请专利的目的在于希望其发明成果能够得到法律的保护。而其发明成果是否能够得到法律的保护，除了成果本身应当具有一定的高度外，《专利法》及《专利法实施细则》对申请文件的质量也提出了相当高的要求，以确保申请人的发明创造能够促进社会技术进步。由于专利制度的专业性，若由申请人自行实施专利申请文件的撰写工作，往往出现因最终提交的申请文件质量不高而无法获得合理的保护范围，甚至可能导致较高技术水平的发明无法获得授权。

① 吴观乐. 专利代理实务［M］. 北京：知识产权出版社，2007：8-9.

作为我国专利代理从业人员，首先要熟悉我国《专利法》及《专利法实施细则》的相关规定，其次应当能够根据委托人提供的资料以及检索的现有技术的情况发现存在的问题并与委托人进行充分沟通完成申请文件的撰写工作；对于从事国外申请人向国家知识产权局提交申请文件或进入中国国家阶段申请业务的代理从业人员，除要了解我国《专利法》及《专利法实施细则》的相关规定外，还应当具备较高的外语水平，能够准确地将外文资料翻译为中文。在完成申请文件撰写后，专利代理从业人员应当协助委托人向国家知识产权局提交申请文件确定申请日①。

2. 专利申请审查期间的代理事务

向国家知识产权局提交发明专利申请后，涉及的代理事务主要包括以下几类。

（1）专利申请相关事务。

包括提出实质审查请求、相关资料的补交以及涉及专利申请及审查的相关费用的缴纳等方面内容。

对于上述事务，专利代理从业人员主要依据我国《专利法》及《专利法实施细则》的规定以及受委托的实际事务情况处理相应的专利申请事务。此外，我国《专利法》《专利法实施细则》以及《专利审查指南》中，对专利申请流程中各类文件的提交时间均有严格的规定，专利代理从业人员应当全程监控各项工作的时间期限，避免因延误期限给委托人带来无法挽回的损失。

（2）涉及专利实质审查的相关事务。

涉及专利实质审查的相关事务主要包括：对申请文件的修改、对审查意见进行答复以及针对驳回决定提出复审请求等几项内容。

①对申请文件的修改。

对申请文件的修改包括主动对申请文件进行修改和根据审查意见对申请文件进行修改两种类型。

主动修改是指在申请过程中根据委托人的需求（例如发现申请文件错误等）主动对申请文件进行修改，这种修改可能有利于提升审查效率。但

① 吴观乐. 专利代理实务［M］. 北京：知识产权出版社，2007：9－11.

是，应当注意对发明专利申请的主动修改时机应该满足2010年修订的《专利法实施细则》第五十一条的要求，同时修改应当符合《专利法》第三十三条的规定。

根据审查意见对申请文件进行修改是指经审查发现申请文件存在缺陷导致无法获得专利权时，对申请文件进行针对性的修改以确保专利申请符合《专利法》及《专利法实施细则》的要求从而获得授权。当然，根据审查意见对申请文件进行修改也应当符合《专利法》第三十三条的规定。

②对审查意见进行答复。

前文已经提到，在审查过程中可能需要根据审查意见对申请文件进行修改以确保发明专利申请获得授权。在专利申请审查过程中，针对国家知识产权局发出的审查意见通知书，除对申请文件进行修改外，通常还应提交意见陈述书对申请文件为何符合授权条件予以说明。此项工作是代理工作中较为重要的事务工作，答复质量直接关系到申请是否能够获得授权，同时也影响申请人最终获得专利权的保护范围大小和权利是否稳定。

③对驳回决定提出复审请求。

根据《专利法》的规定，申请人对于国家知识产权局发出的驳回决定不服的，可以提出复审请求。复审程序是针对驳回决定设置的救济程序，以避免因审查员对法律条款和技术内容不够了解导致的不当驳回给申请人带来无法避免的损失。

因此，当委托人的专利申请被驳回后，代理机构应当向委托人转达驳回决定的内容并提出相应的建议供委托人参考；若委托人决定请求复审则代理机构应当针对驳回决定指出的理由和事实提出针对性答复并提供相应证据，必要时应进一步对申请文件进行修改。若复审决定的意见是撤销驳回决定，代理机构同时还应准备对后续由原审查部门发出的审查意见通知书的答复；若复审决定的意见是维持驳回决定，应当与委托人沟通分析是否需要准备后续的诉讼程序。

3. 专利授权后的代理事务

专利申请获得授权后，相关的代理事务主要包括相关费用缴纳和专利无效程序的代理事务等。

（1）相关费用缴纳。

此处的费用主要是指专利年费的缴纳，年费缴纳是维持专利权有效的前提。因此，专利代理机构应当重视专利授权后的费用缴纳及相关期限的监视工作以确保委托人能如期获得相关权利。

（2）专利无效程序的代理事务。

根据《专利法》的规定，专利申请获得授权后，任何单位或个人如认为该获得授权的专利不符合相关规定，均可请求宣告该专利权无效。

无论是对于无效请求方还是专利权方，处理无效请求的工作都涉及大量的技术搜集、证据有效性判断等法律性问题，对当事人而言具有相当的难度。因此，通常情况下，针对专利无效请求的相关事务，当事人往往都选择委托专利代理机构负责处理相关事宜。

作为无效宣告请求方的代理机构，主要负责的事务包括了解案件详情并根据委托人的需求确定无效请求策略；分析委托人提供的证据和准备使用的无效理由，判断当前证据和理由是否能够达到预期效果，若当前的证据可能无法取得较好的效果时还需要进行补充检索等工作以进一步完善无效证据和理由；完成上述工作后，代理机构则需要准备无效宣告请求的相关文件，并向复审无效和审理部提交。

作为专利权方的代理机构，主要工作在于分析无效请求，核实无效请求的理由是否属于《专利法实施细则》规定的无效理由并分析无效理由和无效请求人提出的证据之间的关联性，在相关工作的基础上与委托人商讨答复策略并针对无效请求撰写意见陈述书提交给复审和无效审理部。

（3）其他代理事务。

除上述事务外，专利获得授权后的代理事务还可能包括专利行政诉讼代理事务、专利侵权诉讼的代理事务等法律事务，因审协广东中心的工作职责不涉及诉讼，在本书中不再展开论述。

第二节　专利申请的审批

发明创造应当按照《专利法》规定的程序和手续向国家知识产权局专利局提出申请，经国家知识产权局专利局审查，认为符合《专利法》规定的申请才能授予专利权，经国家专利机关批准并颁发证书。

专利审查制度作为专利制度的重要组成部分，属于公共行政范畴，其定义为国家或地区专利行政管理部门依照相关法律规定的程序和标准，对其所受理的专利申请进行审查的制度。良好的专利审查制度与高效的审批程序才能确保创新主体能够及时获取相对合理而稳定的权利，有效平衡专利权人与公众之间的利益，从而更好地鼓励发明创造，推动发明创造的广泛应用，提高创新能力，促进科学技术和经济社会的发展。

一、专利审批的重要流程和阶段

发明专利申请的审批流程主要包括专利申请受理、初步审查、公布、实质审查、授权公告。对于发明专利而言，除一些需要保密的发明专利外，一般的发明专利需要经过受理、初审、公布、实审和授权公告这些阶段，一般情况下，自受理起 18 个月会进行公布，然后进入实审阶段，一般情况 3 年左右才能获得授权，但不排除更长的时间。为了加快获得专利权的期限，可以申请提前公开，这样在初审合格后，即进行公布，然后进入实审阶段，这样可以加快授权进度。专利的申请、审查流程图如图 5－1 所示。

有些特殊情况，例如《专利优先审查管理办法》中规定的几种情形，可以提出加快审查的请求。对于实用新型和外观设计而言，需要经过受理、初审和授权公告阶段，由于不需要进行实质审查，因此，实用新型和外观设计获得授权的时间较短，一般为 6－10 个月。

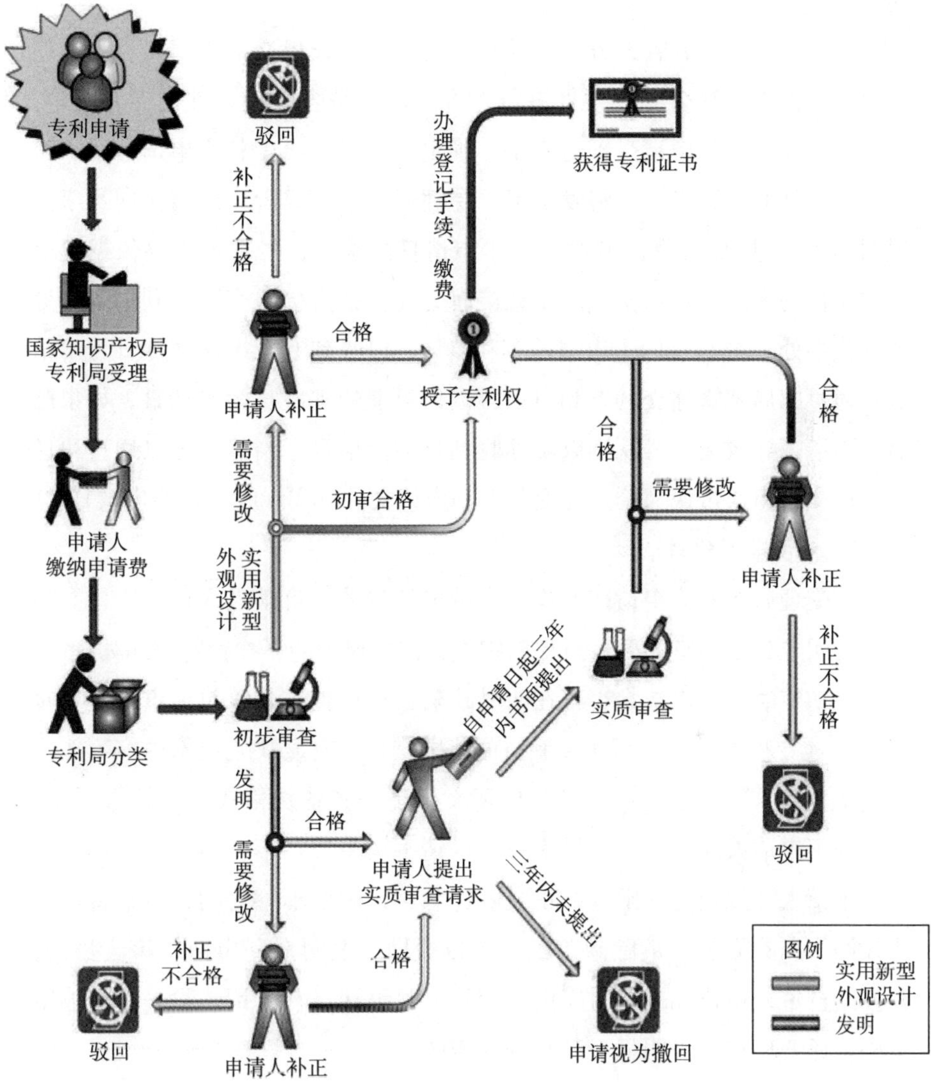

图5-1 专利的申请、审查流程

1. 受理阶段

按照申请文件的形式，专利申请分为电子申请和书面申请。申请人申请专利时，可通过网上电子申请系统（http：//cponline. cnipa. gov. cn/）、面交或邮寄方式将申请文件提交给国家知识产权局专利局受理部门，邮寄或直接递交给专利局非受理部门或任何个人的申请文件或其相关文件均不能形成有效申请。

专利局受理处和各地方代办处在接收到申请人提交的申请文件后，应对申请文件是否符合受理条件进行核查。对于符合受理条件的专利申请，专利局将发出专利申请受理通知书，确定申请日，给予相应申请号；不符合受理条件的专利申请，将发出不予受理通知书，或者当面直接向当事人说明不予受理的原因①。其中，关于申请日的确定，专利局主要依据递交申请文件的方式进行核实，对于直接面交（包括直接递交到专利局受理处或各代办处）或直接网上申请的专利申请，以收到专利申请文件日为申请日；通过邮局邮寄递交的专利申请，以信封上的邮戳日为申请日，如果邮戳日不清晰导致无法辨认则以实际收到日为申请日；当然也可以通过快递公司递交，但通过快递公司递交的专利申请文件以实际收到日为申请日②。

2. 初步审查阶段

经受理后的专利申请按照规定缴纳申请费的，自动进入初审阶段。初审前发明专利申请首先要进行保密审查，需要保密的，按保密程序处理。

在初审时要对申请是否存在明显缺陷进行审查，主要包括审查内容是否属于《专利法》中不授予专利权的范围，是否明显缺乏技术内容不能构成技术方案，是否缺乏单一性，申请文件是否齐备及格式是否符合要求。若是外国申请人还要进行资格审查及申请手续审查。不合格的，专利局将通知申请人在规定的期限内补正或陈述意见，逾期不答复的，申请将被视为撤回。经答复仍未消除缺陷的，予以驳回。发明专利申请初审合格的，将发给初审合格通知书。对实用新型和外观设计专利申请，除进行上述审查外，还要审查是否明显与已有专利相同，不是一个新的技术方案或者新的设计，经初审未发现驳回理由的，将直接进入授权秩序。

3. 公布阶段

对于初审合格的发明专利申请，自申请日（有优先权的，自优先权日）起满 18 个月由国家知识产权局予以公布，申请人也可以在此之前提

---

① 此种情况仅针对在专利局受理处或各代办处直接递交的专利申请。

② 国家知识产权局专利局初审及流程管理部. 专利申请须知［M］. 北京：知识产权出版社，2019：44－50.

出提前公布的请求。公布的内容既包括申请的技术内容，也包括申请的法律信息（申请日、申请人等），公布的方式是出版专利公报和专利申请说明书。自公布之日起，该发明专利申请即能获得《专利法》第十三条所规定的临时保护。

对于初审合格的实用新型或外观设计专利申请，国家知识产权局向申请人授予实用新型专利权通知书或授权外观设计专利权通知书。申请人应自收到该通知书之日起2个月内缴纳授权登记费。逾期未缴纳的，将视为专利权人放弃取得专利权。在收到申请人缴纳的授权登记费后，国家知识产权局将给专利权人颁发实用新型或外观设计专利证书。至此实用新型或外观设计专利申请的程序全部结束。

4. 实质审查阶段

发明专利申请公布以后，如果申请人已经提出实质审查请求并已生效的，申请人进入实质审查程序。如果申请人从申请日起满三年还未提出实质审查请求，或者实质审查请求未生效的，申请既被视为撤回。

在实质审查期间将对专利申请是否具有新颖性、创造性、实用性以及《专利法》规定的其他实质性条件进行全面审查。经审查认为不符合授权条件的或者存在各种缺陷的，将通知申请人在规定的时间内陈述意见或进行修改，逾期不答复的，申请被视为撤回，经多次答复申请仍不符合要求的，予以驳回。

实用新型和外观设计专利申请没有实质审查阶段。

申请人应当自申请日（有优先权的，自优先权日）起3年内提出实质审查请求，并缴纳实质审查费，逾期未提出请求或未缴纳费用的，将导致该申请视为撤回。实质审查请求生效后，专利局将发出《发明专利专利申请进入实质审查程序通知书》，自此该发明专利申请进入实质审查程序。

一种可能的例外情况是，根据《专利法》第三十五条第二款的规定，国家知识产权局认为有必要时，可以自行启动对发明专利申请的实质审查。实践中这种情况极少，发生这种情况必须由局长签署书面意见，存档并通知申请人。

5. 授权阶段

实用新型和外观设计专利申请经初步审查以及发明专利申请经实质审

查未发现驳回理由的，由审查员作出授权通知，申请进入授权登记准备，经对授权文本的法律效力和完整性进行复核，对专利申请的著录项目进行校对、修改后，专利局发出授权通知书和办理登记手续通知书，申请人接到通知书后应当在2个月之内按照通知的要求办理登记手续并缴纳规定的费用，按期办理登记手续的，专利局将授予专利权，颁发专利证书，在专利登记簿上记录，并在2个月后于专利公报上公告，未按规定办理登记手续的，视为放弃取得专利权的权利。

二、专利审批的后续流程

专利申请经历受理、初步审查、公布、实质审查、授权公告等阶段，最终获得授权。但是，并不是每个专利都能够获得专利权，专利申请可能被驳回，专利权的权利也不是无条件长久有效的，专利被授权后还涉及专利权的无效、专利权的维持等重要步骤。

1. 复审阶段

复审程序，是指专利申请人对国务院专利行政部门驳回申请的决定不服的，可以自收到通知之日起三个月内向国务院专利行政部门请求复审。国务院专利行政部门复审后，作出决定，并通知专利申请人。专利申请人对国务院专利行政部门的复审决定不服的，可以自收到通知之日起三个月内向人民法院起诉。

复审程序是因申请人对驳回决定不服而启动的救济程序，同时也是专利审批程序的延续。因此，一方面，国务院专利行政部门一般仅针对驳回决定所依据的理由和证据进行审查，不承担对专利申请全面审查的义务；另一方面，为了提高专利授权的质量，避免不合理地延长审批程序，国务院专利行政部门可以依职权对驳回决定未提及的明显实质性缺陷进行审查。国务院专利行政部门对复审请求进行审查，必要的时候可以对专利申请是否符合《专利法》有关规定的其他情形进行审查，作出决定，并通知专利申请人。

通过复审程序，申请人可以通过诸如修改专利申请文件等方式克服形式与实质缺陷，从而可能获得专利授权。当然，设置复审程序有利于减少法院的司法负担。

2. 专利无效

专利申请自授权之日起，任何单位或个人认为该专利权的授予不符合《专利法》有关规定的，可以请求宣告该专利权无效。请求宣告专利权无效或者部分无效的，应当按规定缴纳费用，提交无效宣告请求书，写明请求宣告无效的专利名称、专利号并写明依据的事实和理由，附上必要的证据。对专利的无效请求所作出的决定任何一方如有不服的，可以在收到通知之日起三个月内向人民法院起诉。专利局在决定发生法律效力以后予以登记和公告。宣告无效的专利权视为自始即不存在。根据《专利法》第四十五条的规定，自国务院专利行政部门公告授予专利权之日起，任何单位或者个人认为该专利权的授予不符合本法有关规定的，可以请求国务院专利行政部门宣告该专利权无效。

在企业的专利申请和专利运用中，专利无效被企业广泛运用。专利无效已成为专利诉讼中的必要手段和技巧。专利权宣告无效的法律后果是被宣告无效的专利权视为自始即不存在。对国务院专利行政部门宣告专利权无效或者维持专利权的决定不服的，可以自收到通知之日起三个月内向人民法院起诉。宣告专利权无效的决定，对在宣告专利权无效以前人民法院作出并已经执行的专利侵权的判决、裁定，已经履行或强制执行的专利侵权纠纷处理决定，以及已经履行的专利实施许可合同和专利权转让合同，不具有追溯力。但是因专利权人的恶意给他人造成的损失，应当给予赔偿。如果按照上述规定，专利权人或专利权转让人不向被许可人或专利权受让人返还专利使用费或专利权转让费，明显违反公平原则，专利权人或专利权转让人应当向被许可人或专利权受让人返还全部或部分专利使用费或专利权转让费。

由此可以看出，宣告专利权无效的法律后果是相当严重的。对于专利申请人来讲，务必要作好申请专利的前期工作，比如专利文献的查询、查新、市场调查等。

3. 专利权的维持

专利申请被授予专利权后，专利权人应于每一年度期满前一个月预缴下一年度的年费。期满未缴纳或未缴足，专利局将发出缴费通知书，通知专利权人自应当缴纳年费期满之日起六个月内补缴，同时缴纳滞纳金。滞纳金的金额按照每超过规定的缴费时间一个月，加收当年全额年费的5%计算；期满未缴纳的或者缴纳数额不足的，专利权自应缴纳年费期满之日起终止。

4. 专利权的终止

专利权的终止根据原因可分为以下几种。

（1）期限届满终止：发明专利权自申请日起算维持满20年，实用新型自申请日起算维持满10年，外观设计专利权自申请日起算维持满15年，依法终止。

（2）未缴费终止：专利局发出缴费通知书，通知申请人缴纳年费及滞纳金后，申请人仍未缴纳或缴足年费及滞纳金的，专利权自上一年度期满之日起终止。

（3）因专利权人放弃专利权而终止：授予专利权后，专利权人随时可以通过提交放弃专利权声明来主动要求放弃专利权，审查员针对放弃专利权声明发出的手续合格通知书的发文日为生效日，放弃的专利权自该日起终止。

三、集中审查

为了更好地促进产业结构优化升级，推进国家知识产权战略实施，近几年来国家知识产权局持续创新审查模式，先后实施了优先审查、巡回审查，并取得了良好的效果。随着我国创新主体创新能力的不断增强和知识产权保护水平的提高，公众对围绕一项关键技术进行专利布局的系列专利申请进行集中审查的需求越来越强烈。2015年发布的《国务院关于新形势下加快知识产权强国建设的若干意见》（国发〔2015〕71号）也明确要求“建立重点优势产业专利申请的集中审查制度”。为此国家知识产权局在前期课题研究成果和试点工作经验的基础上，起草了《专利申请集中审查管理办法（试行）》（以下简称《办法》）。

集中审查是指为了加强对专利申请组合整体技术的理解，提高审查意见通知书的有效性，提升审查质量和审查效率，国家知识产权局依据申请人或省级知识产权管理部门等提出的请求，围绕同一项关键技术的专利申请组合集中进行审查的专利审查模式。

1. 集中审查的条件

集中审查针对的是围绕一项关键技术的发明专利申请组合，它满足的是对关键技术进行专利布局的需求而非个案的加快审查。《办法》第三条规定，其适用条件包括以下四个方面。

（1）实质审查请求已生效且未开始审查的发明专利申请。对于同一申请人同日对同样的发明创造既申请实用新型专利又申请发明专利的，该发明专利申请暂不纳入集中审查范围。

（2）涉及国家重点优势产业，或对国家利益、公共利益具有重大意义。

（3）同一批次内申请数量不低于 50 件，且实质审查请求生效时间跨度不超过一年。

（4）未享受过优先审查等其他审查政策。

提出集中审查的请求人需向国家知识产权局专利局审查业务管理部（下称“审查业务管理部”）提交集中审查请求材料，材料中应详细说明请求集中审查的具体理由、专利申请清单以及每一件专利申请与专利申请组合的对应关系、全部专利申请人的签字或盖章以及联系人和联系方式。提交纸质版专利申请清单的同时还应当提交一份电子件。

2. 集中审查的注意事项

（1）集中审查依请求而启动，专利申请人或省级知识产权管理部门都可以提出。当有多个申请人时，应当经全体申请人同意。

（2）集中审查请求人需要提交《专利申请集中审查请求书》以及专利申请清单（清单需提交纸件和电子件各一份）以及需要的其他材料。请求书中应填写请求人、联系人及联系方式、所属技术领域、请求集中审查理由及全部专利申请人的签字或盖章。特别是，请求书中应详细说明请求集中审查的理由，电子申请清单中应当写明每件专利申请与所主张的“关键技术”的关系，上述内容将帮助国家知识产权局判断进行集中审查的必要性和可行性。

（3）集中审查请求材料可以通过信函方式寄交，其中专利申请清单的电子件请以光盘介质的形式随纸件一并寄送。寄件地址为：北京市海淀区西十城路6号国家知识产权局专利局审查业务管理部，邮编100088（请于信封上注明“集中审查”）。

（4）为提高审查质量，集中审查更注重审查过程中与申请人的充分沟通。集中审查实施过程中，申请人应积极配合审查部门单位的请求，提供相关技术资料，配合开展技术说明会、会晤、调研、巡回审查等。

（5）《办法》第九条列举了终止集中审查程序的几种典型情况：一是申请人违反诚信原则提交了虚假材料；二是申请人不配合提供相关技术资料、不配合开展技术说明会、会晤、调研和巡回审查等有助于集中审查实施的工作；三是在审查过程中发现该批次案件中存在非正常申请；四是申请人主动提出了终止集中审查的请求。需要注意的是，一旦触发上述条件之一，整个批次的案件都将被终止集中审查程序，转为按照常规程序进行审查。

（6）与优先审查不同，集中审查涉及大量申请，每件申请的情况差异会很大，故没有设置最长结案时限。

第二节　专利申请的费用

申请人就一项发明创造要求获得专利权的，应当根据《专利法》及《专利法实施细则》的规定向专利局提出专利申请。国务院专利行政部门负责管理全国的专利工作，统一受理和审查专利申请，依法授予专利权。申请专利和办理其他相关手续时，需要消耗国家的一定行政资源，并且在获得专利权之后，将会获得一定的私有权并损坏其他一部分公众的利益，因此，需要支付一定的专利费用。同时，专利费用的收取，也能促使申请人、专利权人或者其他人在向专利局提出专利申请或者提出其他请求之前慎重考虑是否有必要向专利局申请专利或者办理其他手续，这样既可以提高专利申请的质量，也可以减少专利局的工作量，提高工作效率。

《专利法》第八十一条规定：向国务院专利行政部门申请专利和办理其他手续，应当按照规定缴纳费用。根据《专利法》及《专利法实施细则》的规定，专利费用主要包括：在授予专利权之前，申请人在申请专利时需要缴纳的费用；在授予专利权的审查过程中，申请人需要缴纳的费用；在授予专利权之后，专利权人为维持其专利权有效需要缴纳的费用；当事人启动有关程序需要缴纳的费用。

一、专利申请的主要费用及其期限

1. 申请费

申请费的缴纳期限是自申请日起算两个月内或在收到受理通知书之日起15日内。与申请费同时缴纳的费用还包括公布印刷费、申请附加费，要求优先权的，应同时缴纳优先权要求费。未在规定的期限内缴纳或缴足的，专利申请将视为撤回。具体的专利收费标准参见表5-1。

说明书（包括附图）页数超过30页或者权利要求超过10项时，需要缴纳申请附加费，金额以超出页数或者项数计算。

优先权要求费的费用金额以要求优先权的项数计算。未在规定的期限内缴纳或缴足的，视为未要求优先权。

表5-1 与专利申请相关的费用收费标准

（金额单位：人民币元）

（一）申请费	
1. 发明专利	900
2. 实用新型专利	500
3. 外观设计专利	500
（二）申请附加费	
1. 权利要求附加费从第11项起每项加收	150
2. 说明书附加费从第31页起每页加收	50
从第301页起每页加收	100
（三）公布印刷费	50
（四）优先权要求费（每项）	80

2. 发明专利申请实质审查费

对于发明专利申请，申请人要求实质审查的，应提交实质审查请求书，并缴纳实质审查费2 500元。提交实质审查请求和实质审查费的缴纳期限是自申请日（有优先权要求的，自最早的优先权日）起三年内。未在规定的期限内缴纳或缴足的，专利申请视为撤回。

3. 发明专利申请复审审查费

申请人对专利局的驳回决定不服提出复审的，应提交复审请求书，并缴纳复审费。复审费的缴纳期限是自申请人收到专利局作出驳回申请决定之日起三个月内。未在规定的期限内缴纳或缴足的，复审请求视为未提出。具体收费标准如表 5 –2 所示。

表 5 –2　专利的复审审查费收费标准

（金额单位：人民币元）

1. 发明专利	1 000
2. 实用新型专利	300
3. 外观设计专利	300

4. 著录事项变更费等

著录事项变更费、专利权评价报告请求费、无效宣告请求费的缴纳期限是自提出相应请求之日起一个月内。未在规定的期限内缴纳或缴足的，上述请求视为未提出。具体收费标准如表 5 –3、表 5 –4 及表 5 –5 所示。

表 5 –3　专利的著录事项变更费收费标准

（金额单位：人民币元）

发明人、申请人、专利权人的变更	200

表 5 –4　专利权评价报告请求费收费标准

（金额单位：人民币元）

1. 实用新型专利	2 400
2. 外观设计专利	2 400

表 5 –5　无效宣告请求费收费标准

（金额单位：人民币元）

1. 发明专利权	3 000
2. 实用新型专利权	1 500
3. 外观设计专利权	1 500

5. 恢复权利请求费

申请人或专利权人提出恢复权利请求的，应提交恢复权利请求书，并缴纳恢复权利请求费1 000元。该项费用的缴纳期限是自当事人收到专利局发出的权利丧失通知之日起两个月内。未在规定的期限内缴纳或缴足的，其权利将不予恢复。

6. 延长期限请求费

申请人对专利局指定的期限请求延长的，应在原期限届满日之前提交延长期限请求书，并缴纳费用。未在规定的期限内缴纳或缴足的，将不同意延长。具体收费标准如表5－6所示。

表5－6　专利的延长期限请求费收费标准

（金额单位：人民币元）

1. 第一次延长期限请求费（每月）	300
2. 再次延长期限请求费（每月）	2 000

7. 专利文件副本证明费

在办理专利登记簿副本、在先申请文件副本、专利授权文件副本、专利证书副本、专利证书证明、专利登记簿证明（专利批量法律状态证明）、专利授权程序证明、申请人名称变更证明、专利文档查阅复制证明件共9种副本和证明文件前缴纳费用。当事人在办理上述业务时，应先行缴纳费用30元，随后再提出办理请求。缴纳费用时，除需要填写专利申请号或专利号，缴费的收据抬头应和办理文件副本请求书、专利文档查询复制请求书或办理证明文件请求书中填写的“请求人”名称一致。办理批量《专利法》法律状态证明，缴纳费用时应填写批量专利申请号（或专利号）清单中的第一个号码。

8. 年费

申请人办理登记手续时，应当缴纳授予专利权当年的年费和印花税。期满未缴纳或未缴足费用的，视为放弃取得专利权。授予专利权当年的年费，应当自申请人收到专利局发出的办理登记手续通知书之日起两个月内缴纳，以后的年费应当在上一年度期满前缴纳。缴费期限届满日是申请日在该年的相应日。具体费用如表5－7所示。

表5－7 专利的年费收费标准

（金额单位：人民币元）

1. 发明专利	
1～3年（每年）	900
4～6年（每年）	1 200
7～9年（每年）	2 000
10～12年（每年）	4 000
13～15年（每年）	6 000
16～20年（每年）	8 000
2. 实用新型专利、外观设计专利	
1～3年（每年）	600
4～5年（每年）	900
6～8年（每年）	1 200
9～10年（每年）	2 000

9. 滞纳金

（1）专利权人未按时缴纳授予专利权当年以后的年费或者缴纳的数额不足的，专利权人自应当缴纳年费期满之日起最迟六个月内补缴，同时缴纳滞纳金。交费时间超过规定交费时间不足一个月的，不收滞纳金，超过规定缴费时间一个月的，每多超出一个月，加收当年全额年费的5%作为滞纳金。例如，缴费时超过规定缴费时间两个月，滞纳金金额为年费标准值乘以10%（2010年修订的《专利法实施细则》第九十八条）。

（2）首次缴纳年费数额不足，专利权人再次补缴时，应依照实际补缴日所在滞纳金时段内的滞纳金标准，补足应缴纳的全部年费滞纳金。例如，年费滞纳金5%的缴纳时段为5月5日至6月5日，滞纳金为45元，但缴费人仅缴纳了25元。缴费人在6月7日补缴滞纳金时，应依照实际缴费日所对应的滞纳期时段的标准10%缴纳，该时段滞纳金为90元，所以缴费人还应补缴滞纳金65元。

（3）办理恢复手续时年费滞纳金的计算：专利权人因专利权终止办理恢复手续时，年费滞纳金应按当年年费全额的25%缴纳。

10. PCT申请国际阶段的费用

申请人应自国际申请收到之日起一个月内缴纳传送费、检索费、国际申请费（适用时，缴纳国际申请附加费）。具体费用如表5－8所示。

表5－8　PCT申请国际阶段收费标准

（金额单位：人民币元）

（一）PCT申请国际阶段部分	
1. 国家知识产权局代世界知识产权组织国际局收取的费用	
国家知识产权局代世界知识产权组织国际局收取的费用（国际申请费、手续费），其收费标准和减缴规定参照《专利合作条约实施细则》执行，实际收费以国家知识产权局确定的国际申请日所在月国家外汇管理局公布的汇率计算。	
2. 国家知识产权局收取的费用	
（1）检索费	2 100
附加检索费	2 100
（2）优先权文件费	150
（3）初步审查费	1 500
初步审查附加费	1 500
（4）单一性异议费	200
（5）副本复制费（每页）	2
（6）后提交费	200
（7）恢复权利请求费	1 000
（8）滞纳金：按应交费用的50%计收，若高于国际申请费（不含申请附加费）的50%，按国际申请费的50%计收。	
（二）PCT申请进入中国国家阶段部分	
1. 宽限费	1 000
2. 译文改正费	
初审阶段	300
实审阶段	1 200
3. 单一性恢复费	900
4. 优先权恢复费	1 000

注：由中国国家知识产权局作为受理局受理的PCT申请在进入国家阶段时免缴申请费及申请附加费；提出实质审查请求时，减缴50%的实质审查费。

由中国国家知识产权局作出国际检索报告或专利性国际初步报告的PCT申请，在进入国家阶段并提出实质审查请求时，免缴实质审查费。

由欧洲专利局、日本特许厅、瑞典专利局三个国际检索单位作出国际检索报告的PCT申请，在进入国家阶段并提出实质审查请求时，减缴20%的实质审查费。

PCT申请进入中国国家阶段的其他收费标准依照国内部分执行。

11. 退款

缴费人对多缴、重缴、错缴的专利费用，可以自缴费之日起三年内，提出退款请求。提出退款请求的，应提交意见陈述书（关于费用），并提交国家知识产权局专利收费收据复印件、邮局或银行出具的汇款凭证等证明文件。提供邮局或银行的证明应当是原件，不能提供原件的，应当提供经出具部门加盖公章确认的或经公证的复印件。

缴费人所缴款项因费用汇单字迹不清或者缺少必要事项造成既不能开出收据又不能退款的，该款项将暂存在专利收费账户上。经缴费人补充获得必要事项信息的，专利费用管理处（或代办处）做出暂存处理，开出收据，确认收入。缴费人要求退款的，可通过传真、邮件或信函提供退款信息和缴款凭证复印件。

二、专利申请费用查询途径及缴费方式

1. 费用查询途径

（1）电话查询。

电话查询时应提供申请号或专利号。

中国国家申请：010—62356655。

PCT 国际申请国际阶段：010—62356655。

PCT 国际申请国家阶段：010—62356655。

（2）网络查询。

缴费人可以登录国家知识产权局政府网站（www. cnipa. gov. cn），在“政务服务”栏目中“专利”板块点击“专利审查信息查询”，进入“中国及多国专利审查信息查询”，使用电子申请注册用户查询入口或公众查询入口查询应缴费用和已缴费用情况。

（3）现场查询。

国家知识产权局专利局受理大厅及各地方代办处设有费用查询服务台，可为缴费人在缴费当天现场查询应缴费用种类、金额和缴费期限，查询时应现场填写或提前准备缴费清单。

2. 缴费方式

（1）网上缴费。

缴费人可登录中国专利电子申请网（http：//cponline. cnipa. gov. cn）使用网上缴费系统缴纳专利费用。使用网上缴费的，需先注册电子申请注册用户。其中个人用户可使用银行卡支付方式，专利代理机构和企事业单位用户可以使用对公账户支付方式。网上缴费的缴费日以网上缴费系统收到的银联在线支付平台反馈的实际支付时间所对应的日期来确定。

（2）银行/邮局汇款。

缴费人可以通过银行或邮局汇付专利费用。通过银行或邮局汇付专利费用时，应当在汇款单附言栏中写明正确的申请号（或专利号）及费用名称（或简称）。缴费人通过银行或邮局汇付的，如果未在汇款时注明上述必要信息，可以在汇款当天最迟不超过汇款次日补充缴费信息，补充缴费信息的方式如下。

①登录专利缴费信息网上补充及管理系统（http：//fee. cnipa. gov. cn）进行缴费信息的补充。

②发送电子邮件至收款单位补充缴费信息。

费用汇至代办处的，应选择向相应代办处补充缴费信息。

补充完整缴费信息的，以补充完整缴费信息日为缴费日。因汇款时缺少必要缴费信息、逾期补充缴费信息或补充信息不符合规定的，造成汇款被退回或因款项无法退回而暂时存入专利收费账户（以下简称暂存）的，视为未缴纳费用。

通过银行或邮局汇款的，缴费人可按属地就近汇至全国34个专利代办处银行账户或邮局地址，各代办处地址信息，银行、邮局账户信息以及联系电话等信息见缴费指南附件，也可登录国家知识产权局官方网站相关链接中的代办处页面进行查看。

费用不得直接邮寄到专利局受理处或者专利局其他部门或者审查员个人。

（3）面交。

缴费人可根据属地就近前往各专利代办处或专利局受理服务大厅的收费窗口缴纳专利费用，面交费用的，以缴费当天的日期为缴费日。

特别说明的是，PCT国际阶段费用的缴费方式为网上缴费、银行汇款至专利局银行账户和专利局面交。不接受邮局汇款、银行汇款至代办处银行账户和代办处面交。

3. 缴费日期的确定

向专利局或专利局代办处面交专利费用的，缴费当日即为缴费日。以邮局汇付方式缴纳费用的，以邮局汇出的邮戳日为缴费日。以银行汇付方式缴纳费用的，以银行实际汇出日为缴费日。

三、专利费用的减缴

为贯彻落实国务院《国务院关于新形势下加快知识产权强国建设的若干意见》（国发〔2015〕71号）要求，根据2010年修订的《专利法实施细则》第九十八条，国家知识产权局制定《专利收费减缴办法》。申请人或者专利权人缴纳专利费用确有困难的，可以请求减缴。可以减缴的费用包括四种：申请费（其中公布印刷费、申请附加费不予减缴）、发明专利申请年费（审查费、复审费、实质自授予专利权当年起六年内的年费）。

专利申请人或者专利权人符合下列条件之一的，可以向国家知识产权局请求减缴上述收费：上年度月均收入低于3500元（年4.2万元）的个人；上年度企业应纳税所得额低于30万元的企业；事业单位、社会团体、非营利性科研机构。

两个或者两个以上的个人或者单位为共同专利申请人或者共有专利权人的，应当分别符合前款规定。专利申请人或者专利权人为个人或者单位的，减缴《专利收费减缴办法》第二条规定收费的85%。两个或者两个以上的个人或者单位为共同专利申请人或者共有专利权人的，减缴《专利收费减缴办法》第二条规定收费的70%。

专利申请人或者专利权人只能请求减缴尚未到期的收费。减缴申请费的请求应当与专利申请同时提出，减缴其他收费的请求可以与专利申请同时提出，也可以在相关收费缴纳期限届满日两个半月之前提出，未按规定时限提交减缴请求的，不予减缴。

专利申请人或者专利权人请求减缴专利收费的，应当提交收费减缴请求书及相关证明材料。专利申请人或者专利权人通过专利事务服务系统提交专利收费减缴请求并经审核批准备案的，在一个自然年度内再次请求减缴专利收费，仅需提交收费减缴请求书，无须再提交相关证明材料。

个人请求减缴专利收费的，应当在收费减缴请求书中如实填写本人上年度收入情况，同时提交所在单位出具的年度收入证明；无固定工作的，提交户籍所在地或者经常居住地县级民政部门或者乡镇人民政府（街道办事处）出具的关于其经济困难情况证明。

企业请求减缴专利收费的，应当在收费减缴请求书中如实填写经济困难情况，同时提交上年度企业所得税年度纳税申报表复印件。在汇算清缴期内，企业提交上年度企业所得税年度纳税申报表复印件。

事业单位、社会团体、非营利性科研机构请求减缴专利收费的，应当提交法人证明文件复印件。

国家知识产权局收到收费减缴请求书后，将进行审查，做出是否批准减缴请求的决定，并通知专利申请人或者专利权人。

专利收费减缴请求有下列情形之一的，不予批准：未使用国家知识产权局制定的收费减缴请求书的；收费减缴请求书未签字或者盖章的；收费减缴请求不符合《专利收费减缴办法》第二条或者第三条规定的；收费减缴请求的个人或者单位未提供符合《专利收费减缴办法》第七条规定的证明材料的；收费减缴请求书中的专利申请人或者专利权人的姓名或者名称，或者发明创造名称，与专利申请书或者专利登记簿中的相应内容不一致的。

第四节　专利申请的重要期限

专利申请与审批是一种法律行为，为维护公民的权利，保障公民的合法利益，国家知识产权局制定了一系列的法律、法规，对专利行为进行规范，其中对专利申请的各类行为期限进行了规定。

（1）法定期限。

法定期限是指《专利法》及《专利法实施细则》规定的各种期限。例如，发明专利申请的实质审查请求期限（《专利法》第三十五条第一款的规定）、申请人办理登记手续的期限（2010 年修订的《专利法实施细则》第五十四条第一款的规定）。

（2）指定期限。

指定期限是指审查员在根据《专利法》及《专利法实施细则》作出的各种通知中，规定申请人（或专利权人）、其他当事人作出答复或者进行某种行为的期限。例如，根据《专利法》第三十七条的规定，国务院专利行政部门对发明专利申请进行实质审查后，认为不符合本法规定的，应当通知申请人，要求其在指定的期限内陈述意见，或者对其申请进行修改；无正当理由逾期不答复的，该申请即被视为撤回。又如，根据 2010 年修订的《专利法实施细则》第三条第二款的规定，当事人根据《专利法》及《专利法实施细则》规定提交的各种证件和证明文件是外文的，专利局认为必要时，可以要求当事人在指定期限内提交中文译文，该期限也由审查员指定。

指定期限一般为两个月。发明专利申请的实质审查程序中，申请人答复第一次审查意见通知书的期限为四个月。对于较为简单的行为，也可以给予一个月或更短的期限。上述指定期限自推定当事人收到通知之日起计算。

大部分法定期限是自申请日、优先权日、授权公告日等固定日期起计算的。例如，《专利法》第四十二条规定的专利权的期限均自申请日起计算。《专利法》第二十九条第一款规定要求享有外国优先权的发明或者实用新型专利申请应当在十二个月内提出，该期限的起算日为在外国第一次提出专利申请之日（优先权日）。

全部指定期限和部分法定期限自通知和决定的推定收到日起计算。例如，审查员根据《专利法》第三十七条的规定指定申请人陈述意见或者修改其申请的期限（指定期限）是自推定申请人收到审查意见通知书之日起计算；2010 年修订的《专利法实施细则》第五十四条第一款规定的申请人办理登记手续的期限（法定期限）是自推定申请人收到授予专利权通知之日起计算。

推定收到日为自专利局发出文件之日（该日期记载在通知和决定上）

起满十五日。例如，专利局于2001年7月4日发出的通知书，其推定收到日为2001年7月19日。

期限起算日加上法定或者指定的期限即为期限的届满日。相应的行为应当在期限届满日之前、最迟在届满日当天完成。

其中，期限的第一日（起算日）不计算在期限内。期限以年或者月计算的，以其最后一月的相应日（与起算日相对应的日期）为期限届满日；该月无相应日的，以该月最后一日为期限届满日。例如，一件发明专利申请的申请日为1998年6月1日，其实质审查请求期限的届满日应当是2001年6月1日。又如，专利局于2008年6月6日发出审查意见通知书，指定期限两个月，其推定收到日是2008年6月21日（遇休假日不顺延），则期限届满日应当是2008年8月21日。再如，专利局于1999年12月16日发出的通知书，其推定收到日是1999年12月31日，如果该通知书的指定期限为两个月，则期限届满日应当是2000年2月29日。

期限届满日是法定休假日或者移用周休息日的，以法定休假日或者移用周休息日后的第一个工作日为期限届满日，该第一个工作日为周休息日的，期限届满日顺延至周一。法定休假日包括国务院发布的《全国年节及纪念日放假办法》第二条规定的全体公民放假的节日和《国务院关于职工工作时间的规定》第七条第一款规定的周休息日。

当事人因正当理由不能在期限内进行或者完成某一行为或者程序时，可以请求延长期限。可以请求延长的期限仅限于指定期限。但在无效宣告程序中，国务院专利行政部门指定的期限不得延长。请求延长期限的，应当在期限届满前提交延长期限请求书，说明理由，并缴纳延长期限请求费。延长期限请求费以月计算。

延长期限请求由作出相应通知和决定的部门或者流程管理部门进行审批。

延长的期限不足一个月的，以一个月计算。延长的期限不得超过两个月。对同一通知或者决定中指定的期限一般只允许延长一次。

一、专利申请的保护期限

《专利法》第四十二条规定，发明专利权的期限为二十年，实用新型专利权的期限为十年，外观设计专利权的期限为十五年，均自申请日起计算。

自发明专利申请日起满四年，且自实质审查请求之日起满三年后授予发明专利权的，国务院专利行政部门应专利权人的请求，就发明专利在授权过程中的不合理延迟给予专利权期限补偿，但由申请人引起的不合理延迟除外。

为补偿新药上市审评审批占用的时间，对在中国获得上市许可的新药相关发明专利，国务院专利行政部门应专利权人的请求给予专利权期限补偿。补偿期限不超过五年，新药批准上市后总有效专利权期限不超过十四年。

应当注意的是，本条中提到的“申请日”是指专利申请在中国的实际申请日，而非优先权日。

为贯彻落实中共中央办公厅、国务院办公厅印发的《关于深化审评审批制度改革鼓励药品医疗器械创新的意见》第十七条，《专利法》增加了对新药给予专利权期限补偿的内容，鼓励药品医疗器械创新。

《专利法》规定了专利权受保护的最长期限，但有些专利由于某种原因而在这一期限届满前就告终止。《专利法》第四十四条规定，有下列情形之一的，专利权在期限届满前终止：没有按照规定缴纳年费的；专利权人以书面声明放弃其专利权的。

缴纳年费是专利权人的义务，若专利权人不履行此项义务，国家知识产权局也将不再为其提供服务。此外，由于年费具有经济杠杆的作用，如果专利权人没有依法缴纳年费，就可以推断为专利权人出于经济上的考虑已经不再需要这一专利权。因此《专利法》规定，没有按照规定缴纳年费的，专利权在期限届满前终止。

专利权人可以作出放弃专利权的书面声明并通知国家知识产权局，以便在专利权期限届满前终止其专利权。由于不缴纳年费就可以达到终止专利权的目的，而且无须作出任何行为，因此专利权人通常不采用书面声明的办法来放弃专利权。但有时专利权人为了某种目的，例如避免其专利权被宣告无效，因而通过主动声明来放弃其专利权。

没有按照规定缴纳年费的，专利权自应当缴纳年费的期限届满之日起终止。书面声明放弃专利权的，专利权自国家知识产权局收到该声明之日起终止。

一项专利权终止后，该项技术就进入了公知领域，社会公众中的任何人都可以自由使用。

专利权在期限届满前的终止使专利权的期限被缩短，专利权此后不再受到保护。但是，专利权的终止不影响专利权人此前享有的权利。专利权人可以就专利权终止前的实施许可收取许可费，也可以就专利权终止前发生的侵权行为提起诉讼。

同时，《专利法》第四十七条规定，宣告无效的专利权视为自始即不存在。

宣告专利权无效的决定，对在宣告专利权无效前人民法院作出并已执行的专利侵权的判决、调解书，已经履行或者强制执行的专利侵权纠纷处理决定，以及已经履行的专利实施许可合同和专利权转让合同，不具有追溯力。但是因专利权人的恶意给他人造成的损失，应当给予赔偿。

依照前款规定不返还专利侵权赔偿金、专利使用费、专利权转让费，明显违反公平原则的，应当全部或者部分返还。

1. 专利权无效宣告的效力

专利权被宣告无效，是因为该专利权的授予不符合《专利法》的规定，即该专利权本不应被授权。因此宣告无效应使其失去效力，如同从来没有授予该专利权一样。专利权自始即不存在，是指该专利权自被授权之时就被视为是不存在的。

一项专利权被宣告无效，使该专利被视为从未存在过，无论是在宣告无效前还是在宣告无效后，任何人都有权自由实施，无须取得许可，也无须支付使用费。因此专利权被宣告无效后，尚未执行和正在履行的专利实施合同和专利权转让合同立即停止履行。被许可人可以停止支付有关费用。即使根据合同约定应当支付的专利使用费和专利权转让费尚未支付，也可不再支付。

专利权被宣告无效，使专利权被视为自始即不存在，任何人实施该项技术的行为都不构成侵权行为。因此专利权被宣告无效后，人民法院就侵权行为作出的判决或裁定，以及管理专利工作的部门作出的专利侵权纠纷处理决定应当立即停止执行。

2. 专利权无效宣告的追溯力

人民法院和专利管理机关审判、处理专利侵权纠纷，责令被告承担侵权责任，是以所涉及的专利权是有效专利为前提条件，是根据事实和证据作出的。由于专利权无效宣告请求可以在授权后的任何时间提起，甚至在专利权期限届满终止后仍可以提出，因此有可能在侵权纠纷的判决或者处理决定执行完毕很长时间以后，专利权才被宣告无效。如果规定宣告专利权无效的决定对侵权纠纷的判决和处理决定有追溯力，被告需再次提起诉讼以撤销原来作出的认定侵权成立的判决或者决定，要求原来的专利权人退还已获得的损害赔偿金，这不仅给双方当事人增加了诉累，也增加了人民法院和专利管理机关的难度，会影响经济秩序的稳定性。因此《专利法》明确规定，宣告专利权无效的决定对已经执行的法院侵权判决和专利管理机关侵权调解处理决定不具有追溯力。

专利权人与他人订立专利许可合同或者专利权转让合同，也是以所涉及的专利是有效专利为前提进行的。一旦专利权被宣告无效，就使上述合同失去了存在的基础。同样，为了避免影响经济秩序的稳定性，宣告专利权无效的决定对已经履行的专利许可合同和专利权转让合同也不具有追溯力。

但是，从另一个方面来看，在上述情况下，如果原专利权人的行为有恶意，则规定宣告专利权无效的决定不具有追溯力，不必赔偿因其专利被宣告无效给他人造成的损失，又是不尽合理的。例如，有人抄袭专利文献上公开的技术方案，提出实用新型或外观设计专利申请，利用《专利法》对这两种专利申请不进行实质审查的规定获得专利权，在明知其专利是无效专利的情况下，与他人订立专利权转让合同或者许可合同，或者提起侵权诉讼，以牟取非法利益，这就是一种典型的恶意行为，具有滥用专利权的性质。这样的行为给他人造成损失的，理应在宣告其专利权无效之后，承担赔偿责任。因此，因专利权人的恶意给他人造成的损失，应当给予赔偿。

此外，如果专利权人（许可人）或者专利权转让人不向被许可人或者专利权受让人返还全部或者部分专利使用费或者专利权转让费，明显违反公平原则，因此专利权人或者专利权转让人应当向被许可人或者专利权受让人返还全部或者部分专利使用费或者专利权转让费。明显违反公平原则，是指由于客观事实而非专利权人主观原因造成的情况。例如，被许可人或者专利权受让人支付专利使用费或者专利权转让费后，尚未实施该专利或者只实施了很短的时间，该专利权就被宣告无效，被许可人或者专利权受让人没有因专利权的保护而受益或者受益很少，与他们支付的专利使用费、专利转让费以及为实施专利技术而付出的费用相比，明显不相当。在这种情况下，根据公平原则，专利权人或者专利权转让人应当向被许可人或者专利权受让人返还全部或者部分专利使用费或者专利权转让费。若专利权人并无恶意，则只需根据公平原则，返还已收取的部分或全部专利使用费或专利权转让费，而无须赔偿损失。

相关规定反复从不同的角度出发，做出的以上种种规定，其目的就是在保障专利权人的合法权益和公众的合法权益之间，在维持正常的社会经济秩序、具有可操作性与公平合理之间寻求一种平衡。在《专利法》所要调整的关系中，如何处置因专利权被宣告无效而带来的影响，如何恰如其分地界定各种做法之间的界限，是专利制度中较为困难的问题之一，需要十分慎重地予以规定和运用。

二、专利申请的答复期限

在审查意见通知书中，审查员应当指定答复期限。该期限由审查员考虑与申请有关的因素后确定。这些因素包括：审查意见的数量和性质；申请可能进行修改的工作量和复杂程度等。答复第一次审查意见通知书的期限为四个月。

根据《专利法》第三十七条规定，国务院专利行政部门对发明专利申请进行实质审查后，认为不符合本法规定的，应当通知申请人，要求其在指定的期限内陈述意见，或者对其申请进行修改；无正当理由逾期不答复的，该申请即被视为撤回。在实质审查的过程中，如果国家知识产权局认为一项发明专利申请不符合《专利法》及《专利法实施细则》的有关规定，不能在现有申请文本的基础上授予专利权，必须给申请人一个进行修改、陈述意见的机会。通常，国家知识产权局以审查意见通知书的形式，将审查的意见和初步结论通知申请人。审查意见通知书要指定一个答复期限，申请人逾期不答复的，其专利申请便被视为撤回。关于期限的指定，在《专利法》《专利法实施细则》或者《专利审查指南》中有明确规定的情况下，按照规定予以指定；在没有明确规定的情况下，由审查员考虑具体情况及各种因素后予以指定。

根据发明专利申请的不同，审查实践中有可能出现下列几种情况。

(1) 申请具有被授予专利权的前景，但还存在某些缺陷，需要修改完善。这种情况下，国家知识产权局的审查意见通知书会尽量指出申请中存在的所有问题，在某些情况下还会提出具体的修改建议，以加快审查程序。

(2) 申请中记载的发明具有授予专利权的可能，但申请文件还存在比较严重的缺陷，需要作实质性的修改，例如对权利要求书的内容作较大的调整。此时，国家知识产权局的审查意见通知书也会明确指出存在的缺陷及其理由，提出修改的要求。

(3) 申请没有授予专利权的可能，应当予以驳回。此时，国家知识产权局的审查意见通知书会指出为什么不具备授权可能性的理由，给申请人一次陈述其意见的机会，但一般不会要求申请人对其申请文件进行修改。

(4) 经过检索后发现申请缺乏单一性，或者经过检索后发现独立权利要求不具备专利性，从而导致申请缺乏单一性的，国家知识产权局的审查意见通知书会要求申请人对申请作出限制性修改，使之符合单一性要求。

申请人接到国家知识产权局的审查意见通知书后，可以有以下几种选择。

(1) 申请人同意国家知识产权局的审查意见，按照审查意见通知书的要求对其申请文件进行修改，使之符合《专利法》及《专利法实施细则》的规定。此后，国家知识产权局一般会批准修改后的申请。

（2）申请人对国家知识产权局指出的缺陷表示同意，也同意进行修改，但不采纳或不完全采纳国家知识产权局的修改建议，而是根据自己的意愿进行修改。如果国家知识产权局同意申请人的修改，可以批准修改后的申请；如果不同意，可以再次发出审查意见通知书，要求申请人再次修改其申请。这一过程原则上可以进行多次，直到国家知识产权局接受申请人的修改或者驳回该申请为止。

（3）申请人不同意国家知识产权局提出的审查意见，认为其申请不存在审查意见通知书中指出的缺陷。这种情况下，申请人可以提出相反的意见，并说明理由。如果国家知识产权局接受申请人的意见，其申请可以得到批准；如果国家知识产权局不同意申请人的意见，则将再次发出审查意见通知书，重申原来的意见，或者作出驳回该发明专利申请的决定。

（4）申请人同意国家知识产权局认为其申请不具有授予专利权的可能、应当予以驳回的审查意见，不再陈述意见，待指定期限届满，该申请即被视为撤回。

上述过程是申请人与国家知识产权局之间进行对话，使专利申请符合《专利法》及《专利法实施细则》的各项规定的过程。从各个申请人获得专利权的角度出发，实质审查过程不能过于粗糙，应当为申请人提供尽可能多的修改其申请文件的机会；从国家知识产权局审查工作的整体效率出发，实质审查过程则不能过长。这两个方面之间应当有一个合理的平衡。自 1985 年实施《专利法》以来，国家知识产权局受理的专利申请量逐年迅速增长，这给国家知识产权局的审查工作带来了很大的压力，尤其是发明专利申请的审查出现了一定的积压。在第二次修改《专利法》的过程中，希望国家知识产权局加快审查、消除积压，是公众反映较为集中的问题之一。要想提高效率，加快审查，国家知识产权局和申请人都应当采取积极和配合的态度。国家知识产权局发出审查意见通知书，尤其是第一次审查意见通知书时，应当尽可能全面地指出申请文件中存在的所有缺陷和问题。申请文件需要修改的，应当让申请人明确得知审查员所希望的修改方向。这样，就可以避免不得已而多次发出审查意见通知书的情况。每减少一次审查意见通知书，就能够节约至少 3 个月的时间。申请人在答复审查意见通知书、修改其专利申请文件的时候，要全面地领会国家知识产权局发出的审查意见，在符合其总体需要的情况下，尽可能接受审查员的意见，避免在细节问题上纠缠。这样，也能有效地加快审查的进程。申请人应当意识到，配合国家知识产权局的审查工作，使其审查工作效率得到提高，从总体上也有利于其自身利益。

此外，还有两点需要说明：

第一，对于专利申请的修改，尤其是对说明书和权利要求书的修改，国家知识产权局可以明确提出修改的要求，也可以提出具体的修改建议，但是在一般情况下不能替代申请人对申请文件进行修改，因为对申请文件进行修改的权利属于申请人，最终还是应当由申请人自己决定是否需要修改和如何修改。当然，对于申请文件中明显的文字和符号错误，审查员可以依职权进行修改，但必须通知申请人。

第二，申请人不愿在指定期限内答复，可能是认为申请没有授权的希望，或者认为经过修改后该申请的意义已经不大，所以想放弃申请。所以，《专利法》规定申请人逾期不答复的，其申请被视为撤回。如果申请人确实由于不可抗拒的事由或有正当的理由而耽误指定的答复期限，造成申请被视为撤回的，可以按照有关规定请求恢复其权利。另外，如果申请人认为国家知识产权局指定的答复期限太短，无法按期进行答复的，可以在期限届满前说明理由，请求延长。

在发明专利申请的审查程序中，《专利法》第三十七条的规定具有重要的意义，这体现在：

第一，为发明专利的申请人提供了纠正自身失误或偏差的机会。申请人对申请文件的撰写及对有关技术或法律问题的理解难免出现一些失误和偏差，而这些失误和偏差会影响申请的顺利授权，国家知识产权局指出申请中的问题，可以帮助申请人纠正其失误或偏差，使其申请文件符合《专利法》及《专利法实施细则》的规定，最终获得专利权。

第二，有利于国家知识产权局作出正确的审查决定，保证审查质量。实事求是地讲，国家知识产权局的审查意见也并非总是正确的，审查员对申请的理解有时也会出现偏差。经过与申请人交换意见，审查员就有机会纠正自己可能存在的错误，从而确保最终作出正确的决定。

第三，有利于简化有关手续和程序。通过国家知识产权局与申请人之间的对话交流，使申请人充分了解其申请的授权前景、理解国家知识产权局的有关处理决定，避免一些不必要的后续程序。例如对于倾向于驳回发明专利申请的审查意见，如果申请人了解到国家知识产权局所依据的事实和理由，明白自己的申请确实不能被授予专利权，就会采取不再陈述意见的方式使其申请视为撤回，无须再进行后继程序。这样的结果无论对申请人还是对国家知识产权局都有好处。

第四，体现了行政公开的原则。国家知识产权局代表国家对一项专利申请作出驳回决定之前，向申请人说明理由，给予申请人陈述意见的机会，这体现了现代行政法治的特点。

三、专利的分案申请期限

分案申请适用的各种法定期限，例如提出实质审查请求的期限，应当从原申请日起算。对于已经届满或者自分案申请递交日起至期限届满日不足两个月的各种期限，申请人可以自分案申请递交日起两个月内或者自收到受理通知书之日起十五日内补办各种手续；期满未补办的，审查员应当发出视为撤回通知书。

申请人应当关注分案申请的递交时间。申请人最迟应当在收到专利局对原申请作出授予专利权通知书之日起两个月期限（即办理登记手续的期限）届满之前提出分案申请。上述期限届满后，或者原申请已被驳回，或者原申请已撤回，或者原申请被视为撤回且未被恢复权利的，一般不得再提出分案申请。

对于审查员已发出驳回决定的原申请，自申请人收到驳回决定之日起三个月内，不论申请人是否提出复审请求，均可以提出分案申请；在提出复审请求以后以及对复审决定不服提起行政诉讼期间，申请人也可以提出分案申请。

初步审查中，对于分案申请递交日不符合上述规定的，审查员应当发出分案申请视为未提出通知书，并作结案处理。

对于已提出过分案申请，申请人需要针对该分案申请再次提出分案申请的，再次提出的分案申请的递交时间仍应当根据原申请审核。再次分案的递交日不符合上述规定的，不得分案。

但是，因分案申请存在单一性的缺陷，申请人按照审查员的审查意见再次提出分案申请的情况除外。对于此种除外情况，申请人再次提出分案申请的同时，应当提交审查员发出的指明了单一性缺陷的审查意见通知书或者分案通知书的复印件。未提交符合规定的审查意见通知书或者分案通知书的复印件的，不能按照除外情况处理。

四、专利的复审请求期限

复审程序是因申请人对驳回决定不服而启动的救济程序，同时也是专利审批程序的延续。因此，一方面，国务院专利行政部门一般仅针对驳回决定所依据的理由和证据进行审查，不承担对专利申请全面审查的义务；另一方面，为了提高专利授权的质量，避免不合理地延长审批程序，国务院专利行政部门可以依职权对驳回决定未提及的明显实质性缺陷进行审查。

（1）在收到专利局作出的驳回决定之日起三个月内，专利申请人可以向国务院专利行政部门提出复审请求；提出复审请求的期限不符合上述规定的，复审请求不予受理。

（2）提出复审请求的期限不符合上述规定、但在国务院专利行政部门作出不予受理的决定后复审请求人提出恢复权利请求的，如果该恢复权利请求符合 2010 年修订的《专利法实施细则》第六条和第九十九条第一款有关恢复权利的规定，则允许恢复，且复审请求应当予以受理；不符合该有关规定的，不予恢复。

（3）提出复审请求的期限不符合上述规定、但在国务院专利行政部门作出不予受理的决定前复审请求人提出恢复权利请求的，可对上述两请求合并处理；该恢复权利请求符合 2010 年修订的《专利法实施细则》第六条和第九十九条第一款有关恢复权利的规定的，复审请求应当予以受理；不符合该有关规定的，复审请求不予受理。

五、专利申请的其他期限

1. 实质审查请求的相关要求

实质审查请求应当在自申请日（有优先权的，指优先权日）起三年内提出，并在此期限内缴纳实质审查费。

2. 撤回专利申请声明

授予专利权之前，申请人随时可以主动要求撤回其专利申请。申请人撤回专利申请的，应当提交撤回专利申请声明，并附具全体申请人签字或者盖章同意撤回专利申请的证明材料，或者仅提交由全体申请人签字或者盖章的撤回专利申请声明。

委托专利代理机构的，撤回专利申请的手续应当由专利代理机构办理，并附具全体申请人签字或者盖章同意撤回专利申请的证明材料，或者仅提交由专利代理机构和全体申请人签字或者盖章的撤回专利申请声明。

撤回专利申请不得附有任何条件。

撤回专利申请声明不符合规定的，审查员应当发出视为未提出通知书；符合规定的，审查员应当发出手续合格通知书。

撤回专利申请的生效日为手续合格通知书的发文日。对于已经公布的发明专利申请，还应当在专利公报上予以公告。申请人无正当理由不得要求撤销撤回专利申请的声明；但在申请权非真正拥有人恶意撤回专利申请后，申请权真正拥有人（应当提交生效的法律文书来证明）可要求撤销撤回专利申请的声明。撤回专利申请的声明是在专利申请进入公布准备后提出的，申请文件照常公布或者公告，但审查程序终止。

3. 主动修改的时机

申请人仅在下述两种情形下可对其发明专利申请文件进行主动修改。

（1）在提出实质审查请求时。

（2）在收到专利局发出的发明专利申请进入实质审查阶段通知书之日起的三个月内。

在答复专利局发出的审查意见通知书时，不得再进行主动修改。